军用飞机识别概览

曲光亮　张坤　贺臻/主编

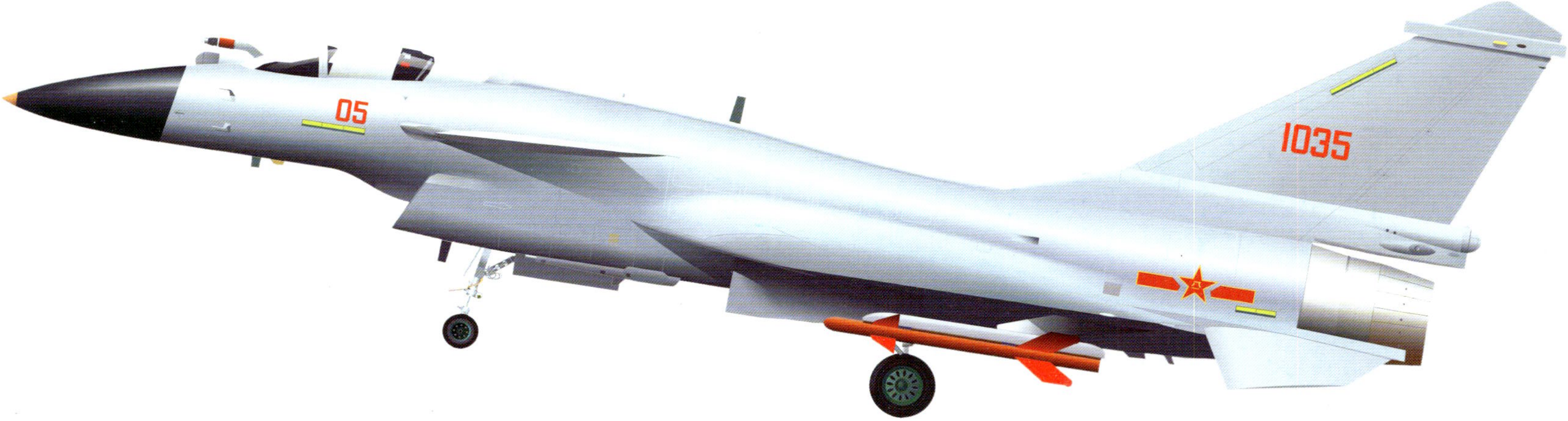

山东城市出版传媒集团·济南出版社

图书在版编目（CIP）数据

军用飞机识别概览 / 曲光亮，张坤，贺臻主编. —济南：济南出版社，2019.11
ISBN 978-7-5488-3844-9

Ⅰ. ①军… Ⅱ. ①曲… ②张… ③贺… Ⅲ. ①军用飞机—介绍—世界 Ⅳ. ①E926.3

中国版本图书馆CIP数据核字（2019）第275445号

军用飞机识别概览

曲光亮　张坤　贺臻　主编

出 版 人　崔　刚
责任编辑　丁洪玉　侯建辉
装帧设计　焦萍萍
出版发行　济南出版社
地　　址　山东省济南市二环南路1号（250002）
网　　址　www.jnpub.com
编辑热线　0531-82056181
发行热线　0531-86131728　86922073　86131701
经　　销　各地新华书店
印　　刷　济南新先锋彩印有限公司
版　　次　2020年1月第1版
印　　次　2020年1月第1次印刷
成品尺寸　210mm × 285mm　16开
印　　张　13.75
字　　数　225千
印　　数　1—2000
定　　价　128.00元

编委会

主　编：曲光亮　张　坤　贺　臻

副主编：周　钲　王　刚　郭爱平　赵锦铎　赵金靖
谢增诚　亓洪磊　葛　玮　刘海勤

编　者：张夫金　周天华　李长庆　赵　佳　韩修玉
黄存莹　李向东　宫立平　马新程　绳　鹏

写在前面的话

《军用飞机识别概览》是编者集众人智慧，积数年之力精心编纂而成的一部关于军用飞机知识的图书。

本书以军用飞机的外部识别特征为切入点，梳理总结了各国军用飞机的识别特征、基本情况和主要性能参数，图文并茂地进行展示和分析，形式新颖，内容详实。全书根据不同类型的军用飞机的特点，先总述军用飞机的基本特征，然后按战斗机、攻击机/战斗攻击机、轰炸机、军用运输机、作战支援飞机、直升机、无人机等分类进行介绍，涵盖了各国现役主战机型和部分老款经典机型，重点突出机身、机翼、尾翼、发动机及进气口等外在显著特征，兼顾不同机型的设计细节，分析、辨别各种军用飞机，通过纵向探究、横向比较，力求为每一款军用飞机精准画像。本书编排生动，图文结合，图片清晰直观，说明要言不烦，图文相得益彰。

本书为适应读者群的分层化阅读需要，力求表述规范、科学、细致，旨在使广大读者了解世界范围内军用航空器科技的发展现状，掌握军用航空器科技发展的前沿知识，是开展国防教育，推动全社会增强国防观念的有益辅助资料，相信不同的读者都能从中获益。

对世界主要军事国家和地区军用航空器的型号、性能、主要识别特征进行全面梳理，这对编者来说是一个全新的尝试，虽数易其稿，也难免有不足之处，望广大读者提出宝贵意见，以便再版时修订完善。

目录

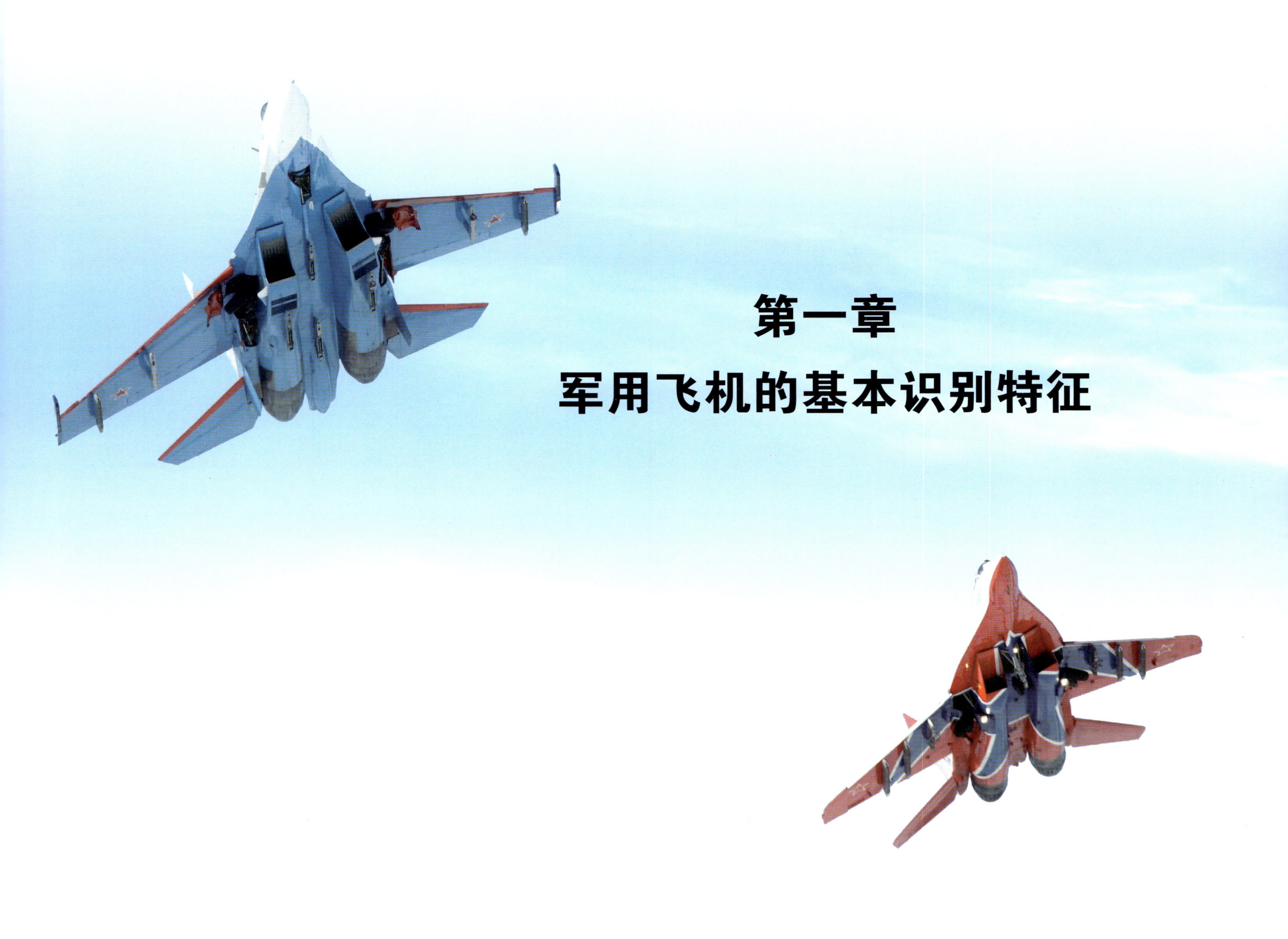

第一章

军用飞机的基本识别特征

一 军用飞机的组成

一般来说，所有的飞机都具有相同的基本组成部分：机翼提供升力，发动机提供动力，机身携带有效荷载和控制单元（驾驶舱），尾部组件通常用来控制飞行方向。军用飞机主要由机翼、机身、尾翼（垂直尾翼、水平尾翼）、起落架、动力装置及其他设备（通信设备、领航设备、安全设备等）组成。这些组成部分因形状、尺寸、数量和位置不同，构成了各种飞机间的差异，也成为识别飞机类型的主要依据。

（一）机身

机身是飞机的主体，位于飞机中部，用来安装飞机的动力装置和各种设备，装载燃料、人员和货物，乘坐飞行员，使飞机各部连成一个整体。飞机的机身（体）有多种形状和尺寸，在辨别机身特征时要注意 3 个主要部位：机鼻、机身中段和机身尾部。此外，驾驶舱和客（货）舱也是需要注意的机身特征之一。

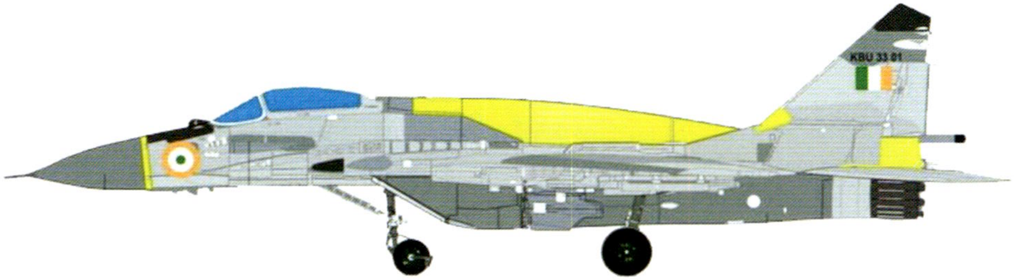

1.机鼻

常见的机鼻形状有尖锥形、钝圆形和圆形。现代战斗机为了满足超音速飞行、安装雷达、扩展飞行员视野等需要，通常采用尖锥形机鼻，部分超音速轰炸机、客机也采用尖锥形机鼻。大型客机、运输机等对飞行速度要求不高的飞机一般多采用结构更加简单的钝圆形机鼻。圆形机鼻在现代军用飞机中已很少采用。

尖锥形机鼻

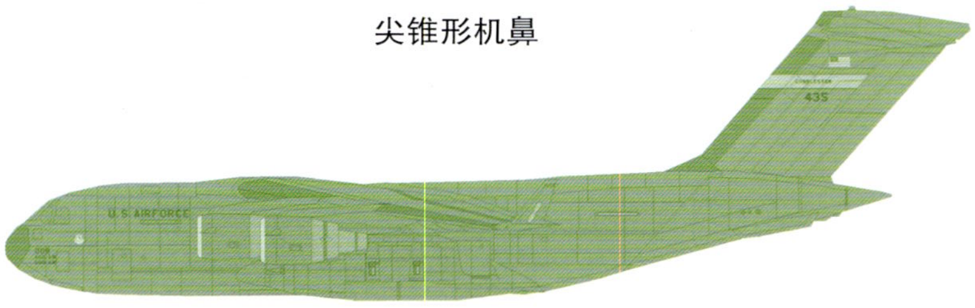

钝圆形机鼻

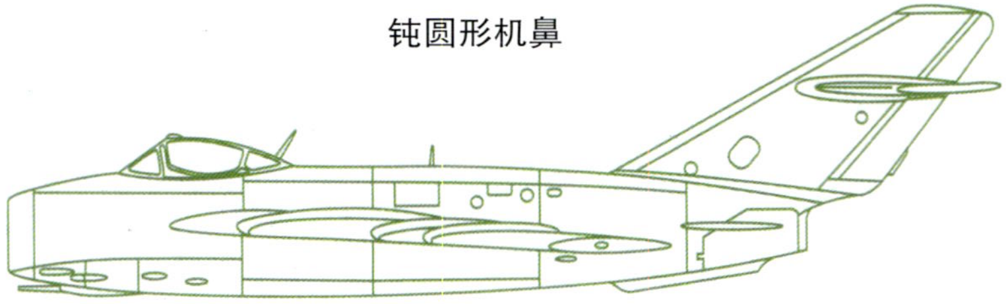

圆形机鼻

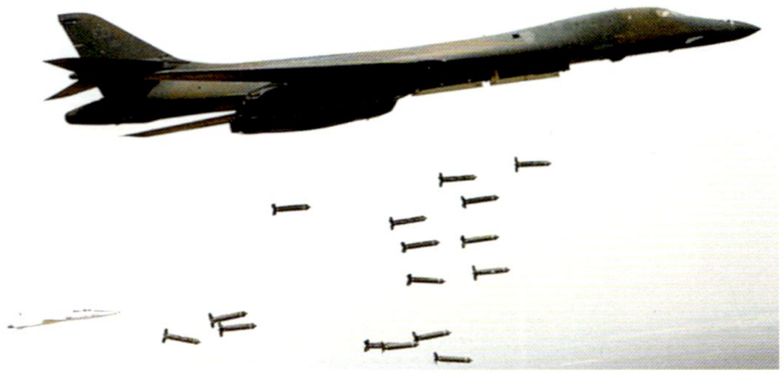

强调高速突防性能的 B–1B 轰炸机采用尖锥形机鼻

A–400M 运输机采用钝圆形机鼻

2.机尾

飞机的尾部相对于机身中段而言处于收缩段，一般会略有上翘，以避免飞机着陆时机尾触地。常见的机尾形式有平直机尾、上翘机尾和锥形机尾。

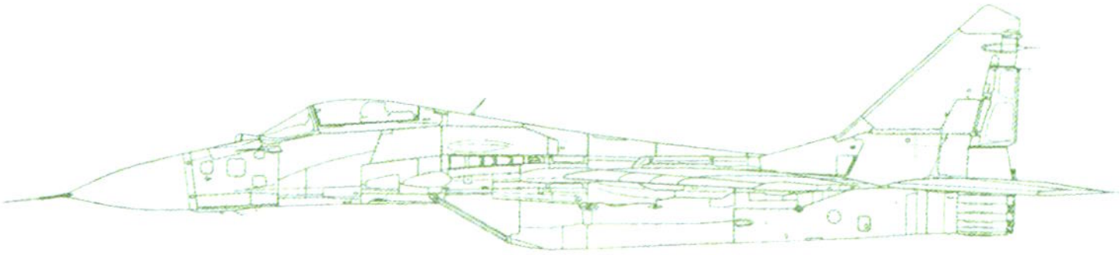

平直机尾

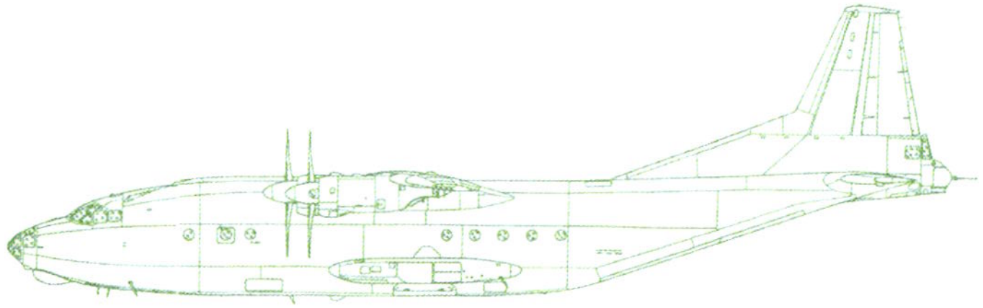

上翘机尾

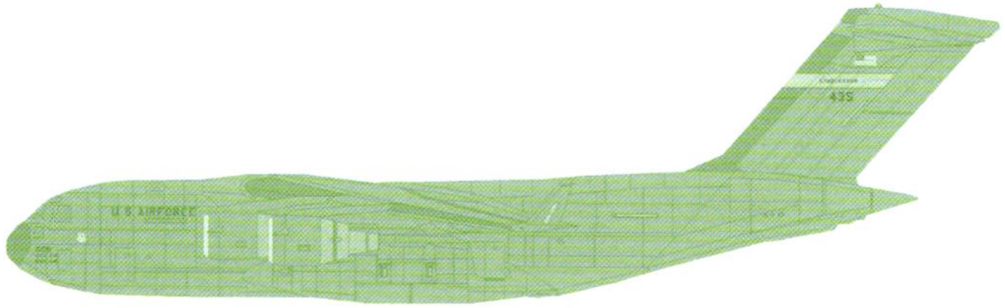

锥形机尾

大型运输机为了方便装载，一般都采用上翘机尾，以便设计较大的后舱门。

3.驾驶舱

飞机的驾驶舱用于容纳飞行员和其他操作人员，通常覆有透明的舱盖。战斗机为满足飞行员的视野需要，通常采用气泡式座舱。强调空中优势的战斗机一般为单座，突出对地、对海攻击和具有教练功能的战斗机一般采用双座，多数为串列双座，少数采用并列双座。运输机、轰炸机等大型飞机通常采用阶梯式座舱。

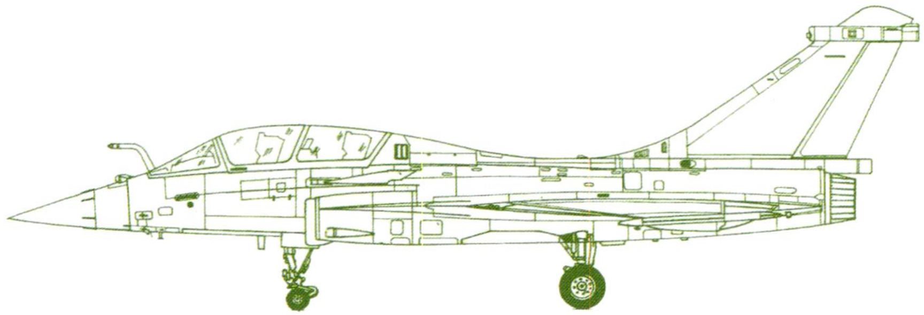
气泡式座舱

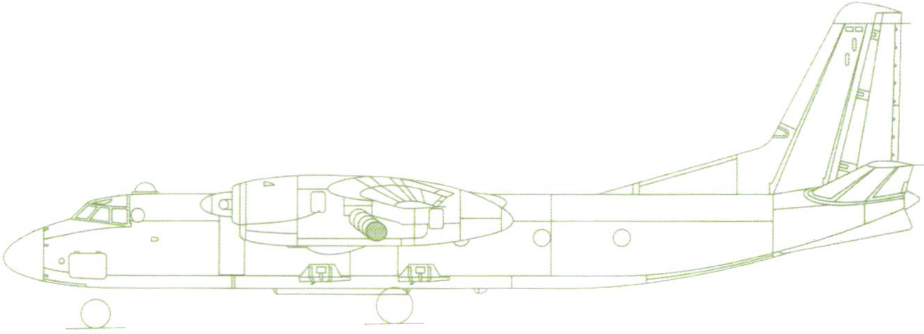
阶梯式座舱

苏 –30 战斗机的气泡式座舱，串列双座布局

伊尔 –76 运输机的阶梯式座舱

4.背鳍

背鳍是飞机的机身从凸起的座舱罩后面一直向后延伸到垂直尾翼根部的突出部分。背鳍可以改善座舱罩后部的流线型，减小飞行阻力，还可增加机身后部侧向投影面积，使侧力中心后移，从而改善飞机的航向稳定性，一般应用在小型军用飞机上。背鳍内的空间经常用来布置飞机的操纵系统、电缆和其他管路系统或安装小型设备。

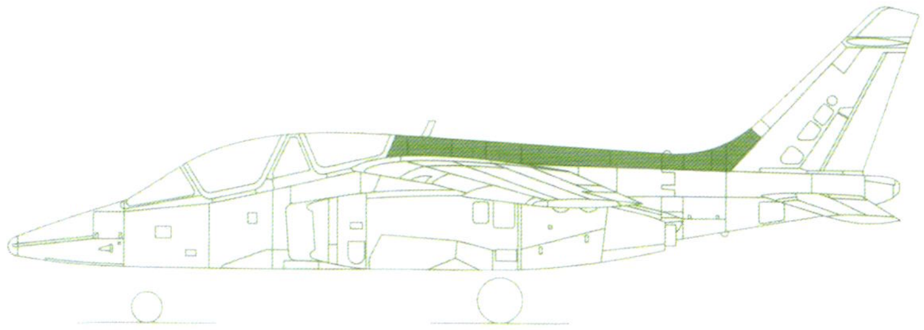

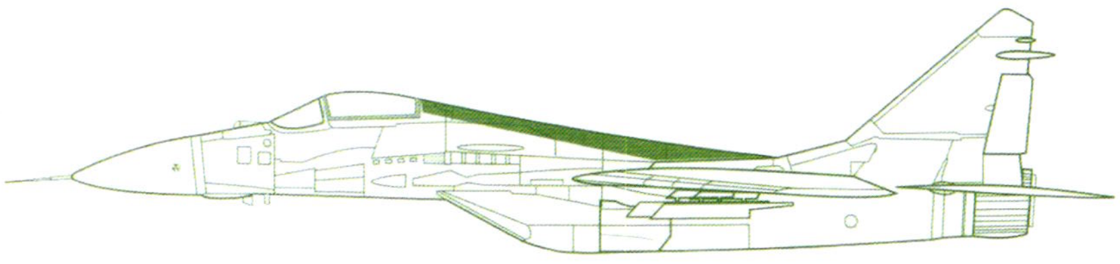

5.腹鳍

腹鳍也称下垂尾，是在飞机机身尾部下面顺气流方向布置的刀状翼片，起垂直尾翼的作用，侧滑时还能增强飞机航向的稳定性。腹鳍可以抵消一部分垂尾侧向力对机身的扭矩，减少机身扭转变形。在超音速战斗机中腹鳍较常见，是较明显的识别特征之一。常见的腹鳍有单腹鳍和双腹鳍两种形式。

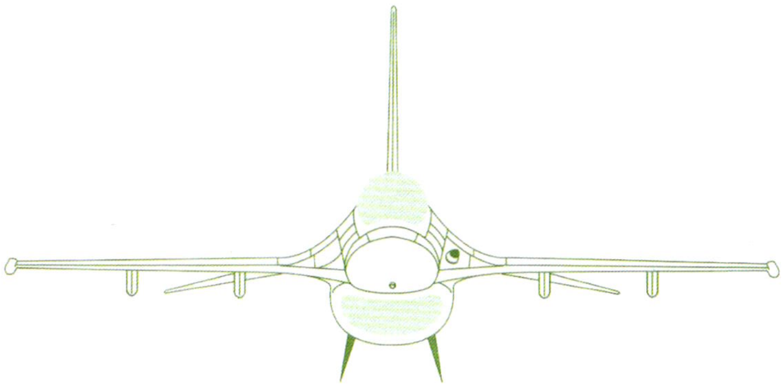

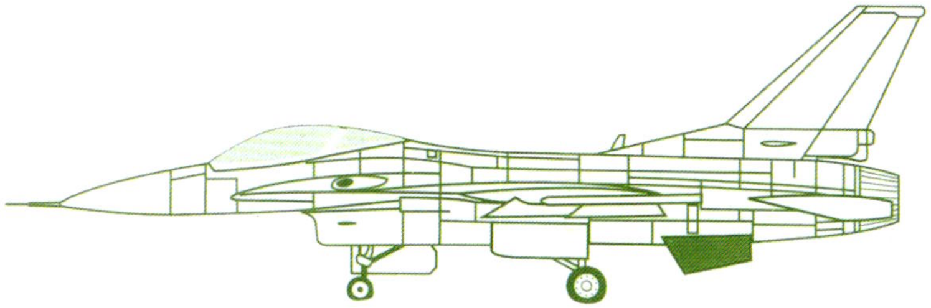

（二）机翼

机翼是飞机的重要部件之一，安装在机身上，一般分为左右两个翼面，对称地布置在机身两侧。其最主要的作用是产生升力，此外还起到一定的稳定和操纵作用。机翼内可以布置弹药仓和油箱，在飞行中可以收藏起落架。机翼上还可以安装动力装置或武器，如轰炸机、运输机的发动机多安装在机翼上；战斗机、攻击机等机翼上有许多外挂点，可挂载各种武器或副油箱。此外，在机翼上还可以安装有改善起飞和着陆性能的襟翼和用于飞机横向操纵的副翼，有的还在机翼前缘装有缝翼等增加升力的装置。现代作战飞机的机翼有 4 种基本类型，即固定翼、可变后掠翼、旋翼和倾转翼。

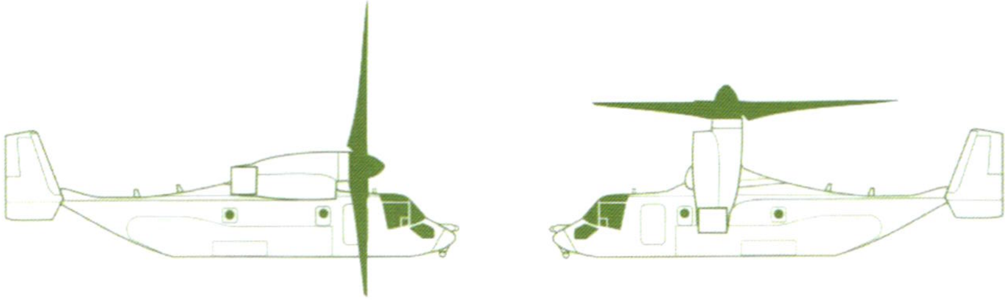

1.机翼的位置

目前大部分军用飞机都是单翼机，历史上出现过双翼机、三翼机。

单翼机根据机翼安装在机身上的部位可以分为上、中、下单翼飞机。

（1）上单翼

上单翼飞机是指机翼安装在机身上部的单翼飞机，其最大的优点是机场适应性强。这种飞机的机翼离地高度大，机翼下面有足够的空间吊挂发动机，确保发动机不会轻易地将地面的沙石吸入进气道而受到损坏。上单翼飞机的机翼一般都带有下反角，以保证有较好的低空稳定性，而且对侧风不敏感，适合执行低空空投等任务。这对军用运输机、轰炸机而言尤为重要，可以满足野战机场起降的要求，同时方便伞兵从机身侧门跳伞。因此，一般轰炸机和军用运输机，特别是战术运输机都采用上单翼。

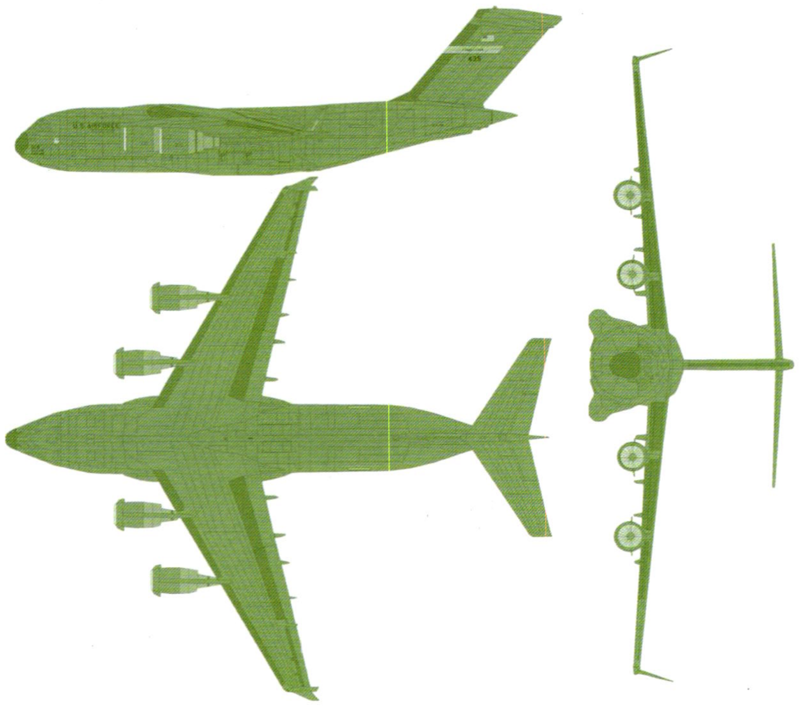

（2）中单翼

中单翼飞机是指机翼安装在机身中部的单翼飞机，其优点是气动阻力小，机身结构受力形式好，便于采用翼身融合体结构；缺点是机翼结构穿过机身中部，影响机身空间的利用。

（3）下单翼

下单翼飞机是指机翼安装在机身下部的单翼飞机，其优点是机翼翼梁穿过机舱，机翼强度高，阻力小，升力大。此类型飞机主起落架布置在机翼根部，强度较高，起落架舱又可以设置在机翼根部的整流罩中，翼吊发动机距离地面较近，便于维护保养，机翼还可以作为紧急撤离时的通道。下单翼飞机总体而言机动性较好，稳定性较差，不适合低空飞行。一般军用战斗机、民航客机多采用下单翼。

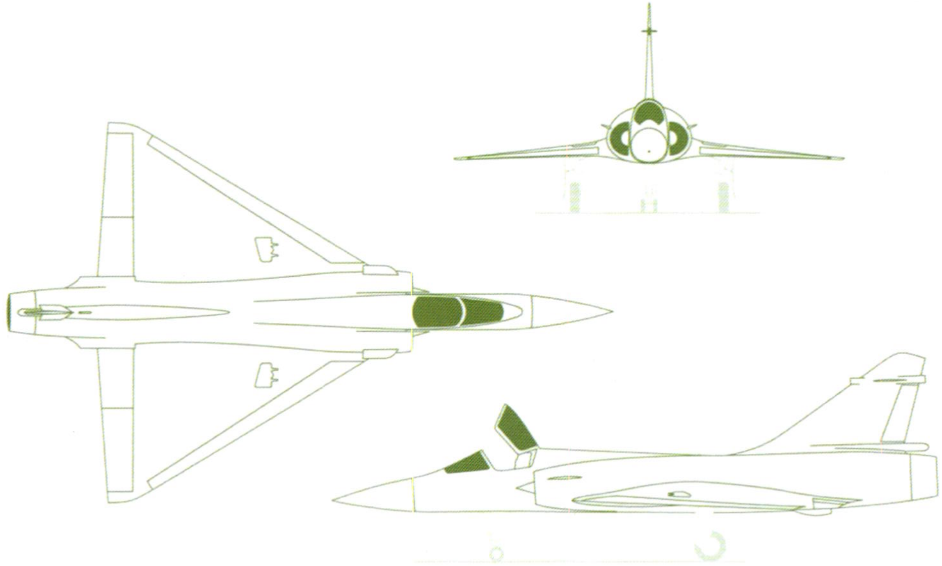

（4）翼身融合体

一般的飞机由机翼与机身两个部件接合而成，在机翼与机身的交接处，机身的侧面与机翼表面构成直角（或接近于直角），这样的组合，由于浸润面积大，阻力也较大。为了减少翼身组合体的阻力，有些飞机在机翼与机身的交接处增装了整流带（亦称整流包皮），使二者得以圆滑过渡。后来，研究人员根据翼身整流带的优缺点，提出了翼身融合体的概念，即把飞行器的机翼和机身合成一体来设计制造，二者之间没有明显的界限。

翼身融合体的优点是结构质量轻、内部容积大、气动阻力小，飞机的飞行性能有较大改善。由于翼身融合体消除了机翼与机身交接处的直角，也有助于减小飞机的雷达反射截面积，改善隐身性能。目前各国第四代以后的战斗机一般都采用翼身融合体设计。

F–22

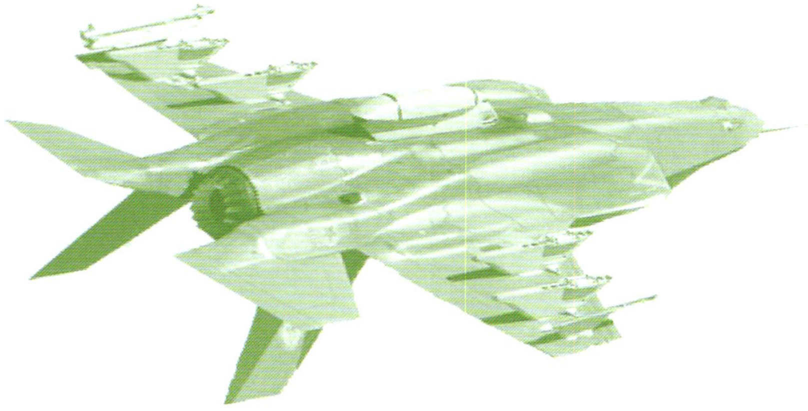

F–35

2.机翼的角度

机翼的角度是指机翼与水平面所成的角度，也称反角，主要有上反角、下反角之分。上反角的主要作用是飞机飞行中出现侧滑时，迎向侧滑方向一侧机翼的迎风面积以及迎角就会比另一侧机翼大很多，从而使飞机产生反向侧滑的力量，达到迅速修正侧滑的目的。下反角的主要作用是飞机出现侧滑时，迎向侧滑方向一侧机翼的迎风面积以及迎角就会比另一侧小很多，从而使飞机产生正向侧滑的力量，达到减小侧向稳定性、提高机动性的目的。

“鹞”式战斗机是典型的上单翼有较大下反角的结构

3.机翼的平面形状

机翼的平面形状分为平直翼、三角翼、后掠翼、梯形翼、前掠翼以及飞翼式等。

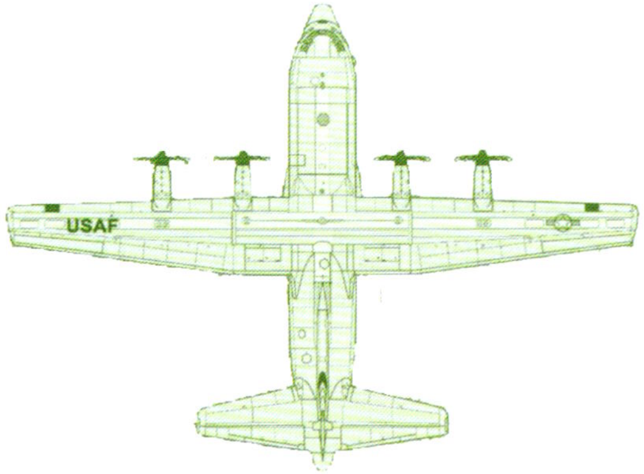

平直翼

三角翼

后掠翼

梯形翼

飞翼式

前掠翼

（1）平直翼

表示机翼后掠程度的指标是后掠角，即机翼前缘与水平线的夹角。平直翼飞机的机翼 1/4 弦线后掠角在 20° 以下，左右两个机翼的前后缘基本平齐。这种机翼不利于高速飞行，多用于亚音速飞机和部分超音速歼击机上，军用战斗机采用平直翼的比较少。其典型代表如美军 C–130 系列运输机。

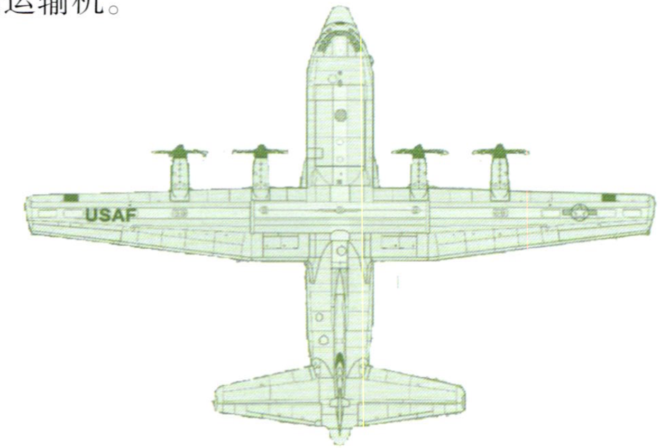

C–130 运输机

（2）后掠翼

后掠翼飞机的机翼前缘和后缘都向后倾斜，后掠角在 25° 以上。后掠翼可以有效减小飞行阻力，有利于飞机高速飞行。其典型代表如美国的 B–52 战略轰炸机。

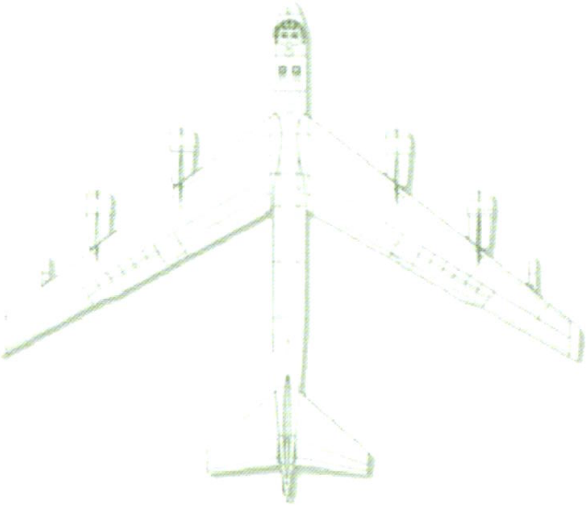

B–52 战略轰炸机

（3）变后掠翼

变后掠翼飞机的机翼可以前后偏转，从而改变机翼后掠角和翼展。变后掠翼使飞机兼顾了高速和低速飞行的气动要求。由于结构和操纵系统复杂，重量较大，不适合轻型飞机使用。其典型代表如追求高速突防能力的美国的 B-1B 战略轰炸机和俄罗斯的图 -160 战略轰炸机。

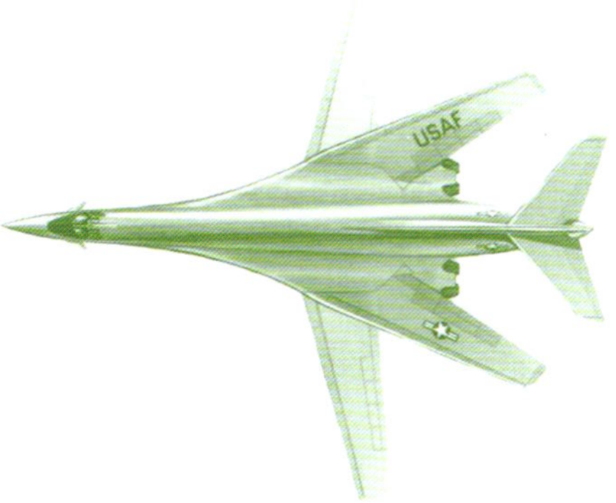

B-1B 战略轰炸机

（4）三角翼

三角翼飞机的机翼前缘后掠角约 60 度，后缘基本无后掠，机翼整体呈三角形，可视为后掠翼的变种。多用于超音速飞机，尤以无尾飞机采用最多。其典型代表如法国的幻影 2000 系列战斗机。

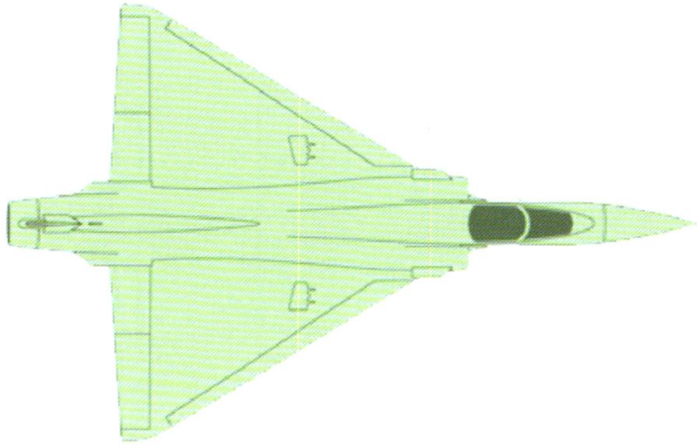

“幻影”2000 战斗机

（5）梯形翼

梯形翼飞机的机翼呈梯形，其机翼前缘后掠角没有后掠翼大，机翼后缘平直或向前倾斜，可以提供较好的升力。其典型代表如前苏联的米格 -29 战斗机、韩国的 T-50 教练机等。

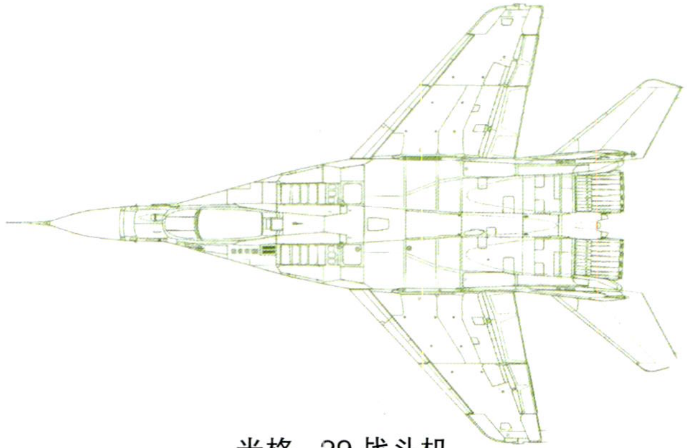

米格 -29 战斗机

T-50 教练机

（6）前掠翼

前掠翼与后掠翼相反，这种机翼的前后缘都向前倾斜，克服了后掠翼的不足，低速性能好，可用升力大，机翼的气动效率高。但由于受多种因素的限制，前掠翼在实际应用中很少。其典型代表如俄罗斯的苏 -47 战斗机、SR-10 教练机等。

苏 -47 战斗机

SR-10 教练机

（7）飞翼式

飞翼式飞机由无尾飞机发展而来，没有尾翼，将机翼和机身合二为一，整个飞机就像一只巨大的机翼，具有结构质量轻、飞行阻力小、隐身性好的特点。其典型代表如美国的 B–2 战略轰炸机。

B–2 战略轰炸机

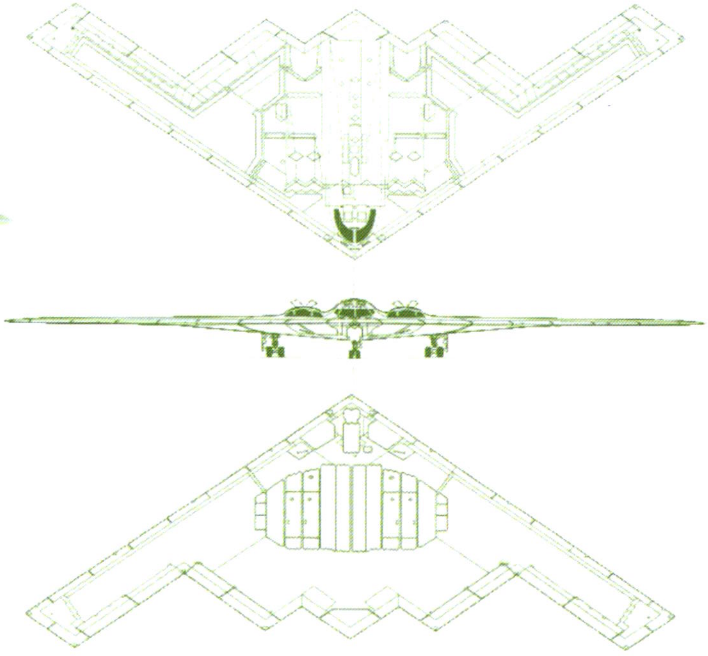

4.边条翼

边条翼是一种新型机翼，是在飞机中等后掠角（后掠角 25° ~ 45°）的机翼根部前缘处，加装一后掠角很大的细长翼所形成的复合机翼。边条翼主要用在展弦比为 3/4 的薄机翼上，可改善机翼在大迎角时的气动特性，特别是升力特性。如美国 F/A-18E/F“超级大黄蜂”和前苏联米格 -29 战斗机等都采用了边条翼。

F/A-18E/F“超级大黄蜂”

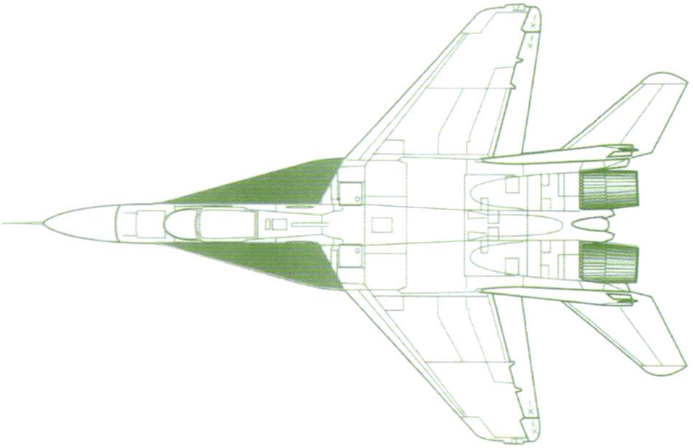

米格 -29 战斗机

5.鸭翼

采用鸭式布局的飞机的前翼称为鸭翼，又称前置翼。鸭式布局是指战斗机座舱两侧有两个较小的三角（后掠）翼，后边是一个大的三角翼，这是一种十分适合超音速空战的气动布局。

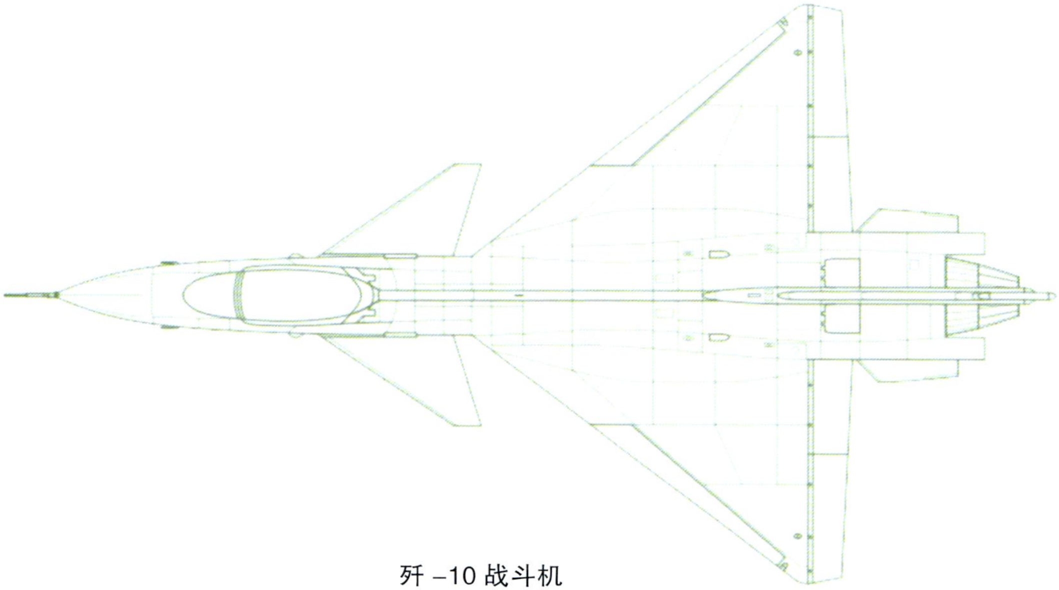

歼 –10 战斗机

歼 –10 战斗机

（三）尾翼

尾翼位于机身后部，包括垂直尾翼和水平尾翼，主要用来使飞机做方向和水平机动，并使飞机保持平衡。水平尾翼可以在机身两侧，也可以在垂直尾翼两侧。另外，个别飞机在尾翼上可加挂其他设备，如 EA-6B 电子战飞机，在垂直尾翼上加挂电子设备天线。

苏 -27 战斗机

1.垂直尾翼

垂直尾翼简称垂尾，由固定的垂直安定面和可动的方向舵组成，在飞机上主要起方向安定和方向操纵的作用。垂直尾翼是飞机的主要识别特征，根据垂尾的数量，可以分为无垂尾、单垂尾、双垂尾、三垂尾和四垂尾飞机。

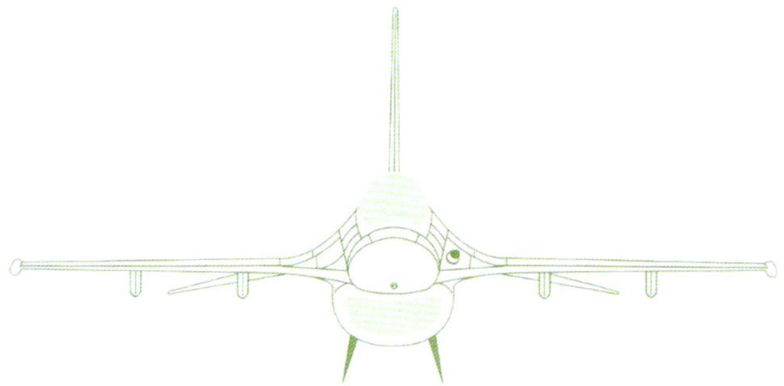

单垂尾

双垂尾

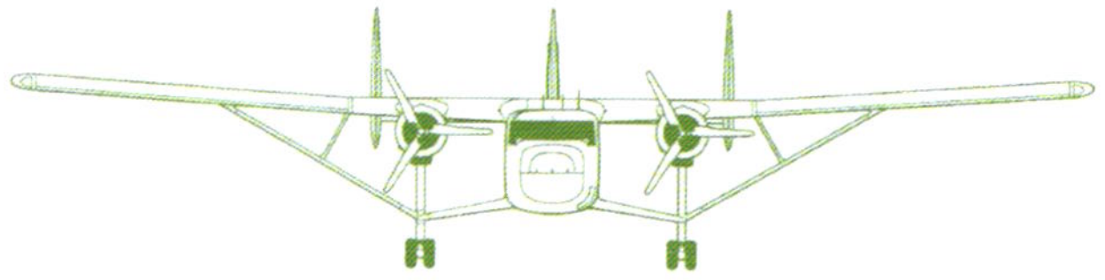

三垂尾

美国 B-2 战略轰炸机采用无垂直尾翼设计

美国 E-2C 预警机采用 4 垂尾设计

2.水平尾翼

水平尾翼简称平尾，是飞机纵向平衡、稳定和操纵的翼面。平尾左右对称地布置在飞机尾部，基本与水平面平行。

按相对于机翼的上下位置不同，平尾大致分为高平尾、中平尾和低平尾3种形式。平尾有两种安装位置，一种是安装在垂尾上，另一种是安装在机身尾部。平尾也有上反角或下反角之分。

不同类型的飞机，水平尾翼的安装位置、形状等都有一定的差别。

低平尾

中平尾

高平尾

（四）动力装置

动力装置，也就是常说的发动机，主要用来产生拉力和推力，使飞机飞行。通过发动机来识别飞机，主要是观察发动机的类型、数量和位置，以及发动机进气口和排气口的形状和位置。战斗机、攻击机的发动机通常位于尾部，进气口通常位于机身前部两侧或下部；运输机和轰炸机的发动机一般位于机翼两侧，也有个别飞机如 A–10 攻击机的发动机位于机身后部两侧。

A–10 攻击机

安 –72 运输机

C–130 运输机

1.螺旋桨发动机

螺旋桨发动机主要有活塞式发动机和涡轮螺旋桨发动机。单引擎螺旋桨飞机的发动机通常安装在机鼻位置，为小型飞机；而多发螺旋桨飞机的发动机则安装在机翼上。现代军用无人机采用单发螺旋桨发动机的比较多，一般安装在飞机尾部。

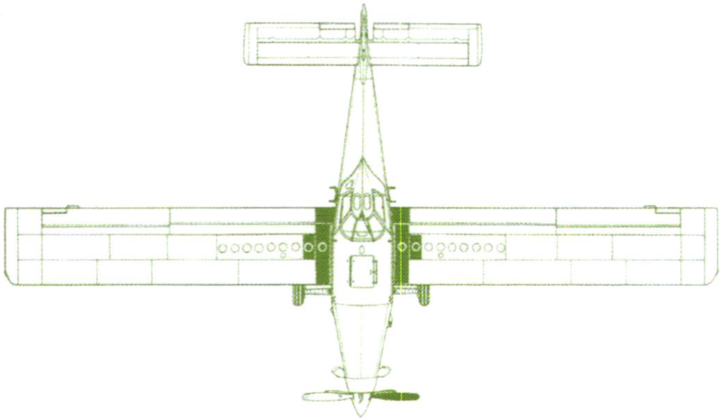

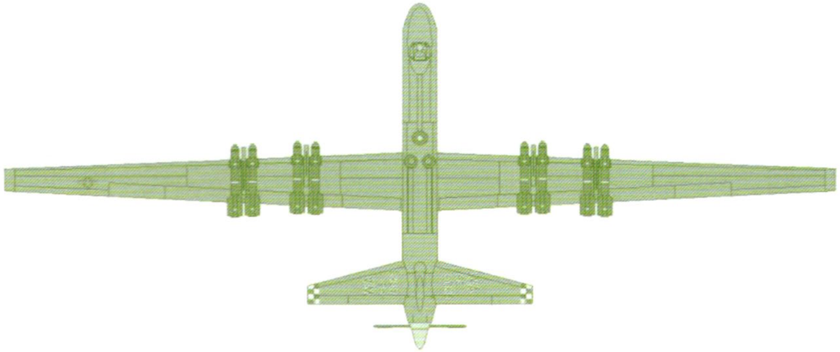

发动机安装在机头的单螺旋桨飞机

发动机安装在机尾的单螺旋桨飞机

双螺旋桨发动机的常规布局

四螺旋桨发动机的常规布局

2.喷气式发动机

喷气式飞机有单发和多发之分，且有多种安装方式。轻型战斗机一般为单发，中、重型战斗机一般为双发，大型运输机、轰炸机一般安装 4 台甚至更多发动机，如前苏联安 -225 运输机就安装了 6 台发动机。

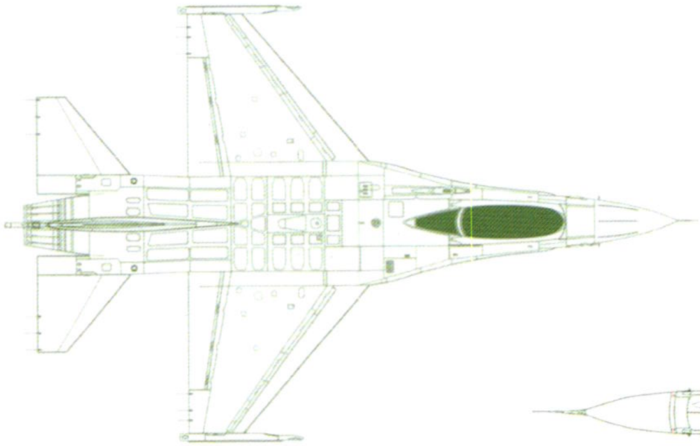

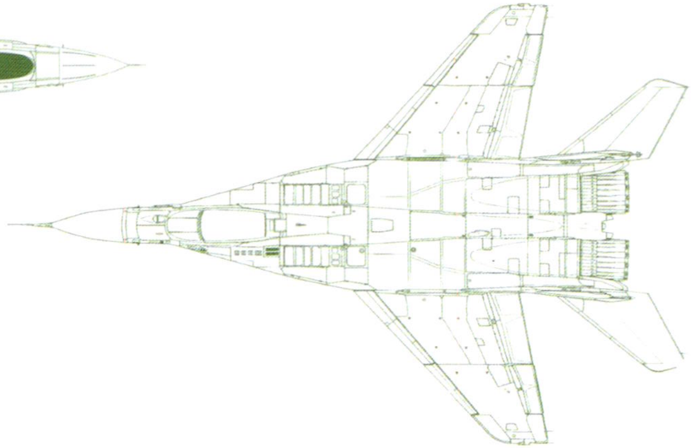

安 -225 运输机

3.发动机进气道

发动机进气道包括进气口、辅助进气口、放气口和进气通道，是保证发动机正常工作的重要部件之一，是飞机设计中一个独立的组成部分。不同的飞机，因设计、性能、用途等不同，进气口的数量、位置、形状等也不尽相同，从而成为观察和识别飞机的一个重要特征。

颌下矩形进气口

颌下半圆形进气口

颌下双矩形进气口

机身两侧矩形进气口

腹部双半圆形进气口

机身两侧半圆形进气口

（五）起落架

起落架通常位于机身下部，主要用于支撑飞机起落、滑跑、移动和停放，分为固定式和可收放式，是军用飞机的主要部件之一。军用飞机通常采用轮式起落架，部分直升机采用滑撬式起落架。轮式起落装置根据布置形式的不同分为前三点式、后三点式、自行车式、多支点式等。现代战斗机使用最广泛的是前三点式起落装置，大型运输机、轰炸机多采用多支点式起落装置。

前三点式

后三点式

自行车式

自行车式起落架通常在机翼下布置辅助小轮，防止飞机转弯时倾倒。

多支点式

滑撬式

二　军用飞机识别的基本方法

（一）利用飞机外形特征识别

1.从四个部位识别

根据飞机外形常见的 4 个部位，即机身、发动机、机翼、尾翼，对飞机加以识别。它们是区别不同种类、不同型号飞机最有效的观察部位。

相对而言，运输机、轰炸机较战斗机体型更大。
U.S. AIR FORCE
HH

美系战斗机

相比较而言，美系战斗机机身基本保持平直，而俄系战斗机前部有明显的上翘，机头下垂，机身有一定的弧度。

俄系战斗机

F-16 战斗机

米格 -29 战斗机

A-10 攻击机

◆ 轻型战斗机一般安装 1 台发动机，中、重型战斗机一般安装 2 台发动机。发动机在飞机上所处的位置和数量是识别机型特征的一个重要标志。

F-15

苏 -27

◆ 同为双发、重型战斗机，F-15 和苏 -27 在发动机布局、机身、进气口等方面有明显的区别，成为识别二者的重要特征。

◆ 基本上为同级别的美国 F-16 为单发、单垂尾，俄罗斯的米格 -29 为双发、双垂尾，二者有明显的区别。

◆ 欧洲的 A400M 和美国的 C-130 同为 4 发螺旋桨战术运输机，二者在机身、机翼、发动机、尾翼（特别是水平尾翼）等方面有明显的区别。

2.从三个观察角度识别

（1）迎视

第一个观察角度是迎视。可以通过观察飞机发动机进气口、机翼、尾翼、机鼻和座舱等识别飞机。发动机进气口，主要观察其数量和形状。机翼，主要观察其是否有反角。垂直尾翼，主要观察垂直尾翼的数量、位置，以及是否有倾斜角度；水平尾翼，主要观察水平尾翼的位置。机鼻，主要观察机鼻的形状、角度。座舱，主要看座舱的形状、与机鼻的相对位置及乘员的数量。

F-35 战斗机

“阵风”战斗机

“鹰狮”战斗机

F-15SE 战斗机

高平尾
军用运输机一般采用上单翼，通常会有一定的下反角。

典型的上单翼有较大下反角的结构。

单垂尾、低平尾

单垂尾
中平尾

双垂尾
低平尾

背部明显的
雷达天线罩

无尾翼

“阵风”战斗机

“台风”战斗机

欧洲国家装备的几款战斗机，多采用无尾三角翼布局，外形上有许多相似之处，进气口则有明显的区别。

“幻影”战斗机

“鹰狮”战斗机

（2）仰视

第二个观察角度是仰视。可以通过观察飞机机翼、水平尾翼的形状，发动机的数量、位置，机身等识别飞机。

幻影 2000：典型的三角翼，无水平尾翼，单发动机，机身两侧双进气道布局。

三菱 F–2：梯形机翼，双水平尾翼，单发动机，腹部进气道布局，有 2 片腹鳍。

C–130：平直机翼，双水平尾翼，4 台螺旋桨发动机吊装在机翼上，圆形机身，机尾上翘。

（3）侧视

第三个观察角度是侧视。可以通过观察飞机机翼的位置，垂直尾翼的形状、数量，机身的形状等识别飞机。

三菱 F-2 战斗机

（二）利用标志识别

为标示军用飞机的所属国或地区而喷涂在机翼、机身或者尾翼上的特定标记，习惯上称为军用飞机机徽。世界各国或地区均规定了本国或本地区的军用飞机机徽，有的采用旗帜或者徽章的形式，有的按照自己的民族习惯绘制色彩鲜艳的几何形状图案。大多数国家或地区诸军兵种的机徽相同，个别国家有所区别。除了统一的机徽外，有些国家或地区的军用飞机还喷涂有航空队标志、战功标志，甚至飞行员的专用飞机标志等。

机徽和标志可以作为军用飞机识别的依据，特别是对于部分装备国家或地区比较多的机型，如 F-16、苏 -27 等，有时可以作为重要的识别依据。

民航飞机以国际协定规备的国别代号作为识别标志。根据《国际民用航空公约》规定，美国的代号为 N，英国为 G，法国为 F，日本为 JA，中国为 B。这对于识别部分由民用飞机改装的军用飞机有重要的参考价值。

中国

中国台湾

印度

日本

美国

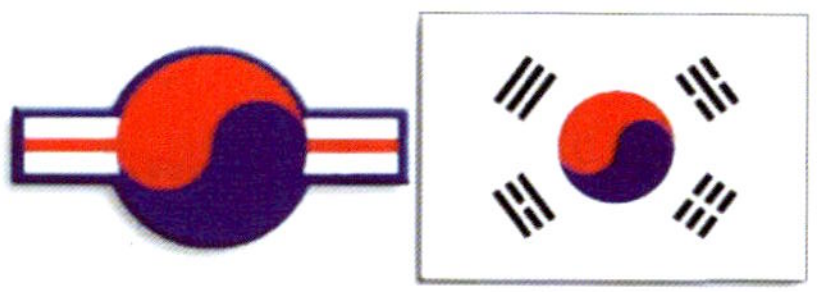
韩国

俄罗斯

朝鲜

美国

日本

美国

以色列

俄罗斯

印度

印度

中国台湾

战例："巴比伦"行动

1981 年 6 月 7 日，以色列实施了代号为"巴比伦"的突击行动，出动 14 架飞机（6 架 F-15、8 架 F-16）偷袭了伊拉克首都巴格达东南约 20 公里处的核反应堆，使这个造价 4 亿美元的反应堆几分钟内遭到了彻底摧毁。

行动中，以军偷袭飞机沿沙特、约旦边境起伏地形作波浪式超低空飞行，使地面雷达难以发现。同时，以军飞机全部涂上迷彩和约旦空军标记（约旦也装备有这两种型号的飞机）。当机群沿约旦、沙特边境飞行时，沙特雷达曾发现并令其通报身份，以色列飞行员以流利的阿拉伯语回答："约旦空军，例行训练。"沙特军人信以为真，以军飞机瞒天过海，成功达成了行动的隐蔽性，使得伊拉克军队猝不及防。

通过这个战例不难看出，利用标志识别飞机具有一定的局限性，容易受到欺骗，在战时，这种识别方法只能作为一个参考依据。

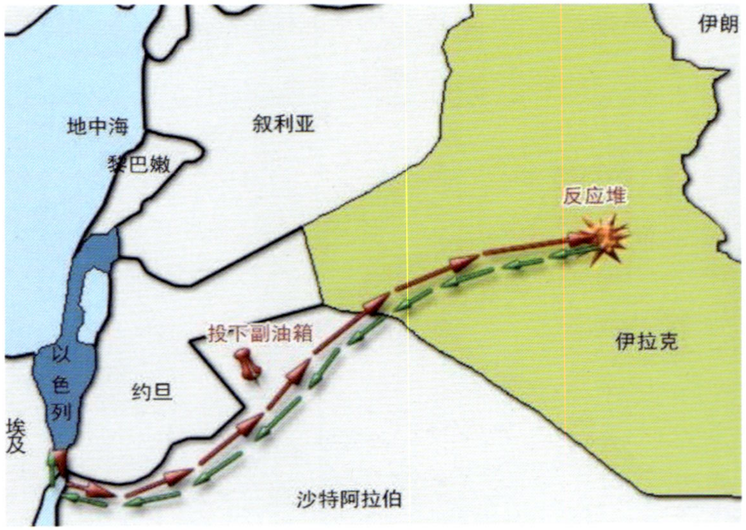
伊朗
地中海
叙利亚
黎巴嫩
反应堆
投下副油箱
伊拉克
以色列
约旦
埃及
沙特阿拉伯

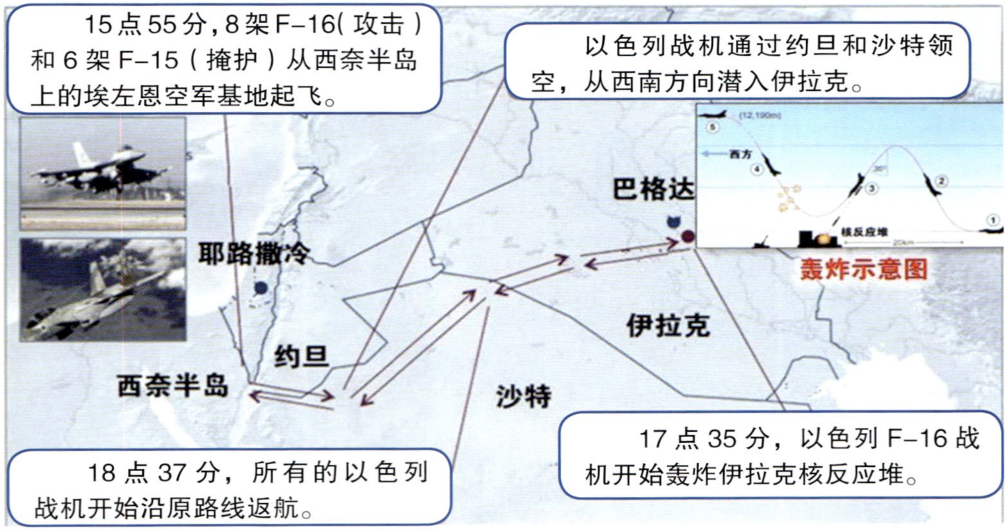
15 点 55 分，8 架 F-16（攻击）和 6 架 F-15（掩护）从西奈半岛上的埃左恩空军基地起飞。
以色列战机通过约旦和沙特领空，从西南方向潜入伊拉克。
巴格达
耶路撒冷
轰炸示意图
伊拉克
约旦
西奈半岛
沙特
17 点 35 分，以色列 F-16 战机开始轰炸伊拉克核反应堆。
18 点 37 分，所有的以色列战机开始沿原路线返航。

"巴比伦"行动示意图

三　军用飞机的命名及编号

（一）美国军用飞机的命名及编号

美国军用飞机命名通常使用代号和名称，以代号为主。代号由 6 部分组成。

⑥	③	②	①		④	⑤	
		F		–	15	E	鹰
	E	A		–	6	B	徘徊者
N	K	C		–	135	A	同温层加油机
Y	R	A	H	–	66	A	科曼奇
	M		Q	–	9	A	收割者
		C	H	–	47	F	支奴干
Y		F		–	23	A	黑寡妇
Y			V	–	22	A	鱼鹰

①表示机种代号，共 7 种。
D－Directing，无人机的控制系统。
G－滑翔机。
H－直升机。
O－无人机。
S－航天飞机。
V－垂直起降 / 短距起降飞机。
Z－比空气轻的飞行器（气球、飞艇等）。
②表示基本任务代号，共 16 种。
A－攻击机。
B－轰炸机。
C－运输机。
E－特种 / 电子战飞机。
F－战斗机。
H－搜索和救援飞机。
K－加油机。
L－激光武器。
M－多任务飞机。
O－观察。
P－海上巡逻。
R－侦察。
S－反潜。
T－教练。
U－实用工具（基地支援飞机）。
X－专题研究（纯研究，无作战任务）。
③表示任务变更（或增加）代号，含义与②相似。
④表示设计序号。
⑤表示改型代号。
⑥为状况代号，表示飞机处于研制、试验等状况，常见的有：X 表示试验研究，Y 表示原型机。

（二）俄罗斯（苏联）军用飞机的命名及编号

俄罗斯（苏联）军用飞机一般采用设计局的词头命名型号。型号中的序号以设计问世的先后顺序排序，如图 –154、伊尔 –76、苏 –27、苏 –30、苏 –57、米格 –29、米格 –31、卡 –52、米 –28 等。

俄罗斯（苏联）一般不给自己的飞机起别称或绰号，但是偶尔也有例外，比如大型军用运输机安 –124 绰号“鲁斯兰”，这是俄罗斯民间传说中一个英雄的名字。北约国家通常会给俄罗斯（苏联）军用飞机起名字，如苏 –27 被称为“侧卫”，苏 –34 被称为“鸭嘴兽”等。

序号	设计局名称	研制机种	飞机型号词头	英文代号
1	安东诺夫设计局	运输机	安（А н）	An
2	波里卡尔波夫设计局	战斗机	波（П о）	Bo
3	别里耶夫设计局	水上飞机	别（Б е）	Be
4	彼得良可夫设计局	轰炸机	彼 / 毕（П е）	Pe
5	图波列夫设计局	轰炸机、运输机	图 / 杜（Т у）	Tu
6	伊留申设计局	强击机、运输机、轰炸机	伊尔（И л）	Il
7	卡莫夫设计局	直升机	卡（К а）	Ka
8	米里设计局	直升机	米（М и）	Mi
9	米高扬设计局	战斗机	米格（М и Г）	Mig
10	苏霍伊设计局	战斗机、强击机、战斗轰炸机	苏（С у）	Su
11	雅克福列夫设计局	直升机、战斗轰炸机、垂直起降飞机、运输机、教练机	雅克（Я к）	Yak

（三）英国军用飞机的命名及编号

英国军用飞机的命名方法与美国相反。美国是代号在前，名称在后，而英国则是前面一个名称，后面跟着一个或者几个字母来表达飞机的用途或类别，再后面是“MK”或“.”加一个数字，表示升级或改型序号。如 Lynx AH MK1 表示陆军使用的“山猫”直升机，第一次改型；Lynx HAS MK2 是指海军使用的“山猫”反潜型号，第二次改型。

序号	代号	含义	示例
1	AEW	Airborne early warning（空中预警飞机）	Sentry AEW.1
2	AH	Army helicopter（军用直升机）	Lynx AH.7
3	AS	Anti-submarine（反潜机）	Gannet AS.1
4	B	Bomber（轰炸机）	Vulcan B.2
5	C	Transport（运输机）	Hercules C.4
6	CC	Communications（通讯飞机）	BAe 125 CC.3
7	ECM	Electronic Counter-Measures（电子战飞机）	Avenger ECM.6
8	F	Fighter（战斗机）	Typhoon F.2
9	FA	Fighter/Attack（战斗 / 攻击机）	Sea Harrier FA.2
10	FB	Fighter-Bomber（战斗轰炸机）	Sea Fury FB.11
11	FGA	Fighter/Ground Attack（战斗 / 对地攻击机）	Hunter FGA.9
12	FGR	Fighter/Ground attack/Reconnaissance（战斗 / 对地攻击 / 侦察机）	Phantom FGR.2
13	FRS	Fighter/Reconnaissance/Strike（战斗 / 侦察 / 支援飞机）	Sea Harrier FRS.1
14	GA	Ground Attack（对地攻击机）	Hunter GA.11
15	GR	Ground attack/Reconnaissance（对地攻击 / 侦察机）	Harrier GR.9
16	HAS	Helicopter,Anti-Submarine（反潜直升机）	Sea King HAS.2
17	HC	Helicopter,Cargo（运输直升机）	Chinook HC.2
18	HMA	Helicopter,maritime attack（海上攻击直升机）	Lynx HMA.8
19	KC	Tanker/Cargo（加油 / 运输机）	TriStar KC.1
20	R	Reconnaissance（侦察机）	Sentinel R.1
21	S	Strike（nuclear capability）（核打击飞机）	Buccaneer S.2
22	T	Training（教练机）	Hawk T.1

第二章　战斗机

战斗机是用于在空中消灭敌机和其他飞航式空袭兵器的军用飞机，也称歼击机，主要任务是进行空战，夺取空中优势。早期分为制空和截击两种主力机型，后来一般不再发展专用的截击机。随着技术的发展，战斗机的对面攻击能力不断增强，各国战斗机都向着多用途方向发展。战斗机有活塞式和喷气式两种，二战后因喷气式战斗机性能强于活塞式战斗机，逐渐将其取代。当前，喷气式战斗机已发展到第五代。

对于喷气式战斗机的划代，各国的标准不尽相同，其中比较有代表性的为美国标准和俄罗斯（苏联）标准。美标第一代为亚音速战斗机，初步实现了超音速飞行，以 F–86、米格 –19 等为代表；第二代为超音速战斗机，强调飞机的高空高速性能，以 F–104、米格 –21、幻影Ⅲ等为代表；第三代为多用途的超音速战斗机，强调中近距离空战和空中格斗，以 F–15、苏 –27、幻影 2000 等为代表；第四代战斗机具有 4S 标准（隐身性能、超音速巡航能力、高机动性与敏捷性、超级航空电子系统），以 F–22、苏 –57 等为代表。俄罗斯（苏联）的划分方法是把可变后掠翼战斗机如米格 –23、F–111 单独划为第三代，从而就造成了俄标比美标多一代。近年来，为了弥补这种因划分方法带来的“代差”，美国推出了新的战斗机划代方法，称为“新美标”，虽然在前三代的划分上与俄标略有不同，但是四、五代机的划分基本上与俄标一致。

目前各国部分四代战斗机改进型，具备了某些五代机的特征，也称为四代半战斗机，以台风、阵风、苏 –35 以及 F–15 的部分改进型为代表。

美国 F-14 “雄猫”战斗机

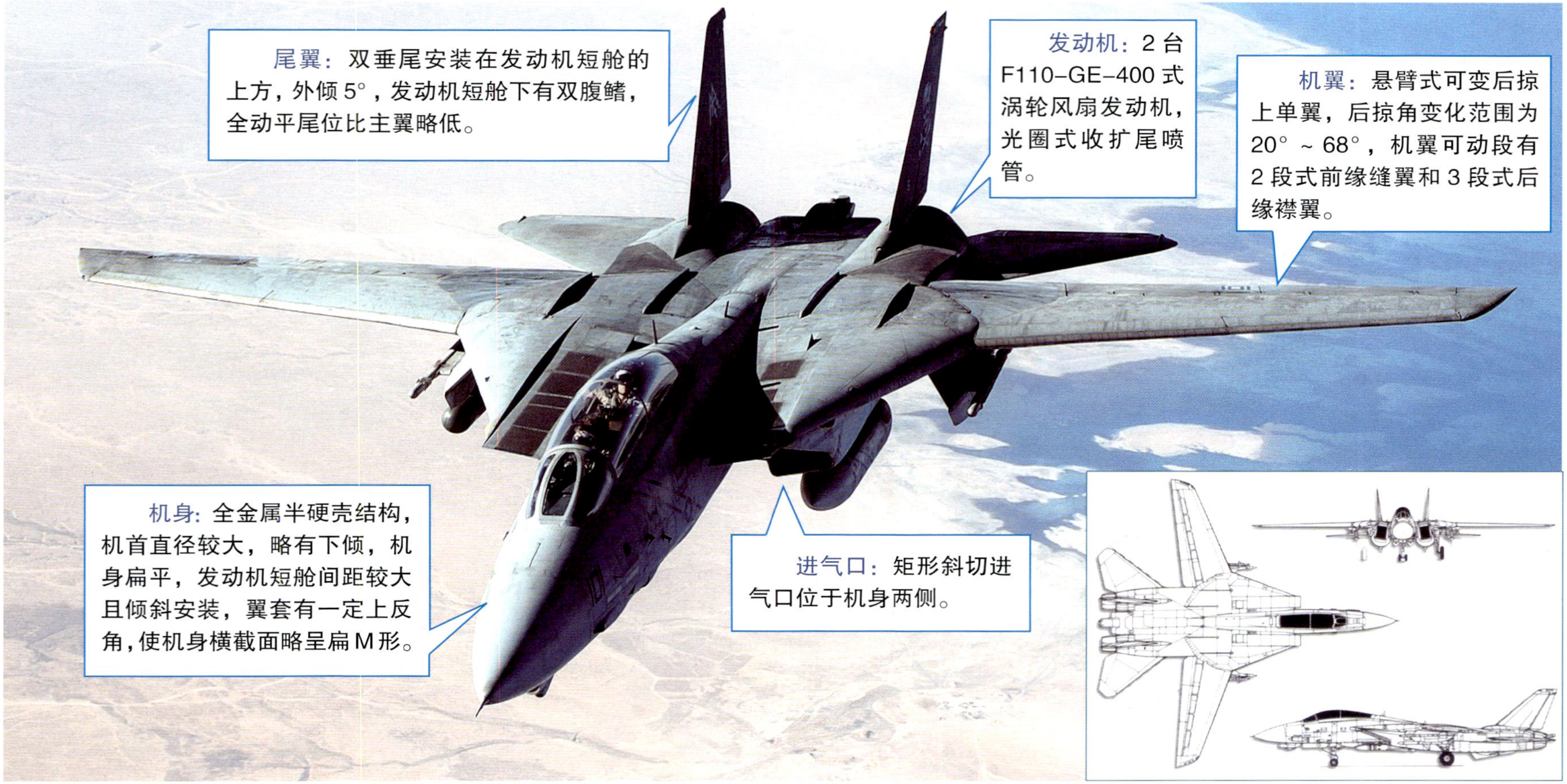
尾翼：双垂尾安装在发动机短舱的上方，外倾 5°，发动机短舱下有双腹鳍，全动平尾位比主翼略低。
发动机：2 台 F110-GE-400 式涡轮风扇发动机，光圈式收扩尾喷管。
机翼：悬臂式可变后掠上单翼，后掠角变化范围为 20°～68°，机翼可动段有 2 段式前缘缝翼和 3 段式后缘襟翼。
机身：全金属半硬壳结构，机首直径较大，略有下倾，机身扁平，发动机短舱间距较大且倾斜安装，翼套有一定上反角，使机身横截面略呈扁 M 形。
进气口：矩形斜切进气口位于机身两侧。

F-14 是美国格鲁曼公司（现为诺思罗普·格鲁曼公司）研制的双座双发超音速多用途重型舰载战斗机，属第四代战斗机，用来执行舰队防御、截击、打击和侦察等任务，主要装备美国海军，曾是舰队防空的主力，2006 年全部退役。伊朗是该型飞机的唯一海外用户，该型飞机目前仍在服役。

美国 F-15“鹰”式战斗机

机身：机身底部外形略带弯曲，进气道外侧凸出，背部座舱后有一块减速板，机身两侧有大型悬臂式尾撑结构。
进气口：进气口前缘斜切，进气口面积可调。
机翼：大型悬臂式上单翼，梯形机翼，没有前缘襟翼。前缘后掠角 45°，展弦比为 3，根梢比为 4。
发动机：2 台 F100-PW-100 加力涡扇发动机，机身两侧安装平直的进气道。
尾翼：双垂尾靠近机身外侧，全动平尾安装在垂尾外侧，装有位置比机翼略低的背鳍。

F-15C

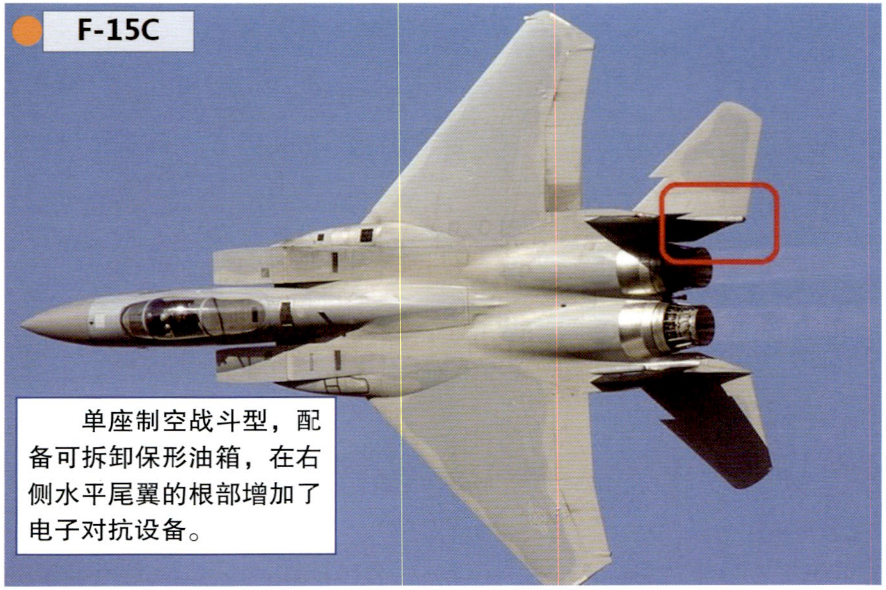

单座制空战斗型，配备可拆卸保形油箱，在右侧水平尾翼的根部增加了电子对抗设备。

F-15E

双座战斗轰炸型，两个水平尾翼上都安装了电子对抗设备。

F-15SE

最新隐身型，设计了内部弹仓，垂尾向外倾斜 15°。

F-15J

出口日本的型号，双垂尾上方都安装了空速管，取消了电子对抗设备，机头部位安装了防雷条。

美国 F-16“战隼”战斗机

机身：采用半硬壳结构，外形短粗，机头呈圆锥形，略下垂。翼身融合体，前机身有大后掠角、前缘锐利的边条翼，自翼根前伸至座舱前端。
尾翼：全动式平尾，几何外形与机翼类似，下反角 25°，垂尾较高，有全展长的方向舵。
垂尾根部整流罩前有明显的背鳍。
进气口：固定式半圆形进气口，位于机身腹部。
发动机：单发动机，尾喷口收敛 / 扩散段明显，其后端与平尾后缘略平齐。
机翼：悬臂式中单翼，梯形机翼，翼尖平直，可挂载导弹，前缘后掠角 40°。机翼前缘有可自动偏转的前缘襟翼，机翼后缘有全展的襟副翼。

水平尾翼翼根整流罩后部有开裂减速板，最大开度60°。
469
机身两侧可加装可拆卸的保形油箱。

10801

F-16是一款单发空中优势战斗机，从F-16A/B型Block 15批次开始多用途化改进，具备夜战能力和发射空地导弹、反舰导弹等对面打击能力，成为多用途战斗机。F-16属第四代战斗机。全球有近30个国家和地区装备有F-16。它是世界上最成功的战斗机之一，生产数量超过4500架。从1982年贝卡谷地空战至今，F-16几乎参加了所有现代战争，其优异的性能也经受住了实战检验。

SP

美国 F-22“猛禽”战斗机

发动机：2 台 F119-PW-100 小涵道比加力涡扇发动机，采用推力矢量技术，二元扩散 / 收敛喷管。发动机喷口能在纵向偏转 ±20°，从而使 F-22 具备了极佳的机动性和短距起降性能。

尾翼：V 形双垂尾，向外倾斜 27°（恰好处于一般隐身设计的边缘）。水平尾翼前缘后掠角和后缘前掠角与主翼相同。

机身：翼身融合体结构，前机身上的宽大边条翼与机翼和进气道融合在一起，两个进气道侧面和机身腹部各有 1 个内部弹舱。

机翼：不规则梯形机翼，有 3.25° 的下反角，前缘后掠 42°，后缘前掠 17°，修型翼型。

进气口：采用成熟的加莱特进气道，楔形固定斜板进气口，两侧进气口装在翼前缘延伸面（边条翼）下方，与喷嘴一样，都做了抑制红外辐射的隐形设计。

F-22“猛禽”战斗机是由美国洛克希德·马丁公司和波音公司联合研制的单座双发高隐身性第五代战斗机，其设计最小雷达反射面积为 0.005 ~ 0.01m^2，是世界上第一种进入现役的第五代战斗机。

该机在设计上具有超音速巡航（不需使用加力）、超视距作战、高机动性和隐身等特性。为了达到隐身要求，在结构上广泛使用复合材料，在量产型上使用复合材料的比例（按重量）达 35%。洛马公司宣称，该机的隐身性能、灵敏性、精确度和态势感知能力相结合，使它成为当今世界上综合性能最佳的战斗机。出于政治、军事等多方面考虑，美国国会立法禁止出口 F-22 战斗机，目前美军是其唯一使用者。

该机 2 个大弹仓具备伸缩发射架，能搭载中距空空导弹或航空炸弹；2 个侧弹仓是专门为发射格斗导弹而设计。

美国 F-35“闪电Ⅱ”战斗机

尾翼：双垂尾与水平尾翼布局，双垂尾外倾，水平尾翼的前缘与机翼前缘平行。
机身：翼身融合体结构，前机身的横截面近似菱形，座舱盖与机身平滑地接合，座舱盖边缘、武器舱边缘等均为锯齿形的接合线。
发动机：1 台普惠 F135 发动机。
进气口：进气口位于机身两侧，使用 DSI 进气道技术。

F-35 战斗机是由美国洛克希德·马丁公司设计生产的一型单座单发战斗机 / 联合攻击机，主要用于前线支援、目标轰炸、防空截击等多种任务，共有 3 种主要的衍生版本，包括采用传统跑道起降的 F-35A 型，短距离起降 / 垂直起降的 F-35B 型，作为航母舰载机的 F-35C 型。F-35 属于第五代战斗机，具备较高的隐身设计、先进的电子系统以及一定的超音速巡航能力；也是世界上最大的单发单座舰载战斗机和世界上唯一一种已服役的舰载第五代战斗机。美国的主要盟国英国、日本、韩国、以色列等国家也装备有该机。

俄罗斯米格 -21 战斗机

5724
尾翼：悬臂式全金属结构垂尾，全部翼面都有大后掠角，液压助力全动式平尾，后掠角 55°，垂尾后掠角 60°。
进气口：冲压式机头进气道，进气口直径 0.87 米，机首两侧有辅助进气门。
发动机：一台 P–13–300 涡轮喷气发动机。
机身：机身截面形状近似于圆形，背鳍从座舱延伸到垂直安定面，腹部有大型单片式腹鳍。
机翼：切尖三角形悬臂式中单翼，下反角 2°，前缘后掠角 57°，对称翼型。

米格 –21 战斗机是前苏联米高扬设计局于 20 世纪 50 年代初期研制的一种单座单发超音速轻型战斗机，属第二代战斗机，有多种改型，总产量超过 10000 架，目前仍有近 20 个国家的空军在使用该机型。

俄罗斯米格 -29 战斗机

进气口：安装在两主翼前端下方，截面呈矩形，进气口前沿呈 60° 楔形，进气道有 8° 斜角。
发动机：2 台 RD-33 涡扇发动机，发动机之间有较大间距。
机身：机身和机翼内段之间呈圆滑过渡，机背上发动机之间有长条状的凹陷，改进型加装有保形油箱。
尾翼：双垂尾，向机身外侧倾斜 6°，前沿后掠角 47.5°，垂尾的前沿向前延伸到机身与机翼接缝处，与红外诱饵 / 箔条发射器相连，全动平尾后掠角约 50°。
机翼：全后掠梯形下单翼，圆角翼尖，机翼前缘带有较宽的边条翼，后掠 73.5°。机翼前缘后掠 42°。

米格 –29 战斗机是前苏联米高扬设计局（现俄罗斯联合航空制造集团公司）研制生产的双发空中优势战斗机，北约代号为支点，是前苏联第一种从设计思想上就定义为第四代战斗机的型号。1977 年首飞，1982 年投入批量生产，1983 年开始装备部队。米格 –29 在设计上将升力型机身和大型机翼完整地以整体空气动力学形式融合，配备多模式脉冲多普勒雷达及全面的火控和电子战系统等。

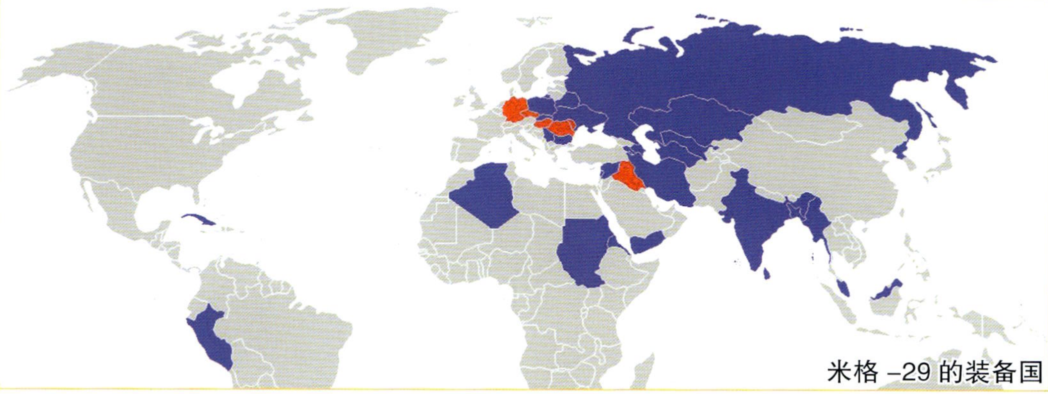

米格 –29 的装备国

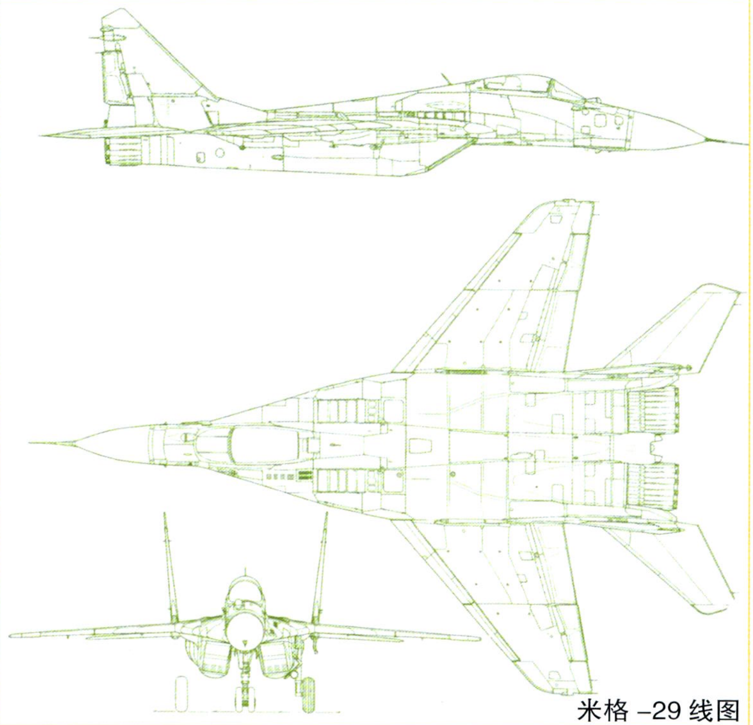

米格 –29 线图

米格 –29 的改型达 20 余种，包括教练机（米格 –29UB）、战斗轰炸机（米格 –29M）、海军舰载机（米格 –29K ）等。除俄罗斯外，还有超过 30 个国家使用该机，总生产数量 1600 余架，是一款出色的多用途战斗机。

印度米格 –29K

米格 –29SMT 是米格 –29 的全面升级型，在外观上最引人注目的变化是变成了驼背——在背部增加了一个 2020 升大型保形油箱以解决航程短的问题。

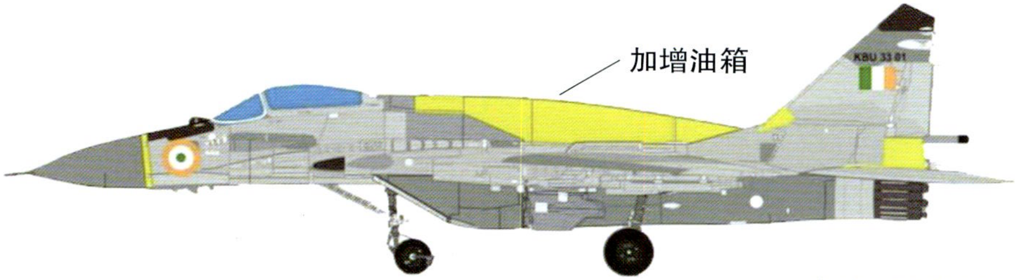

米格 –29SMT

俄罗斯米格 -31“捕狐犬”战斗机

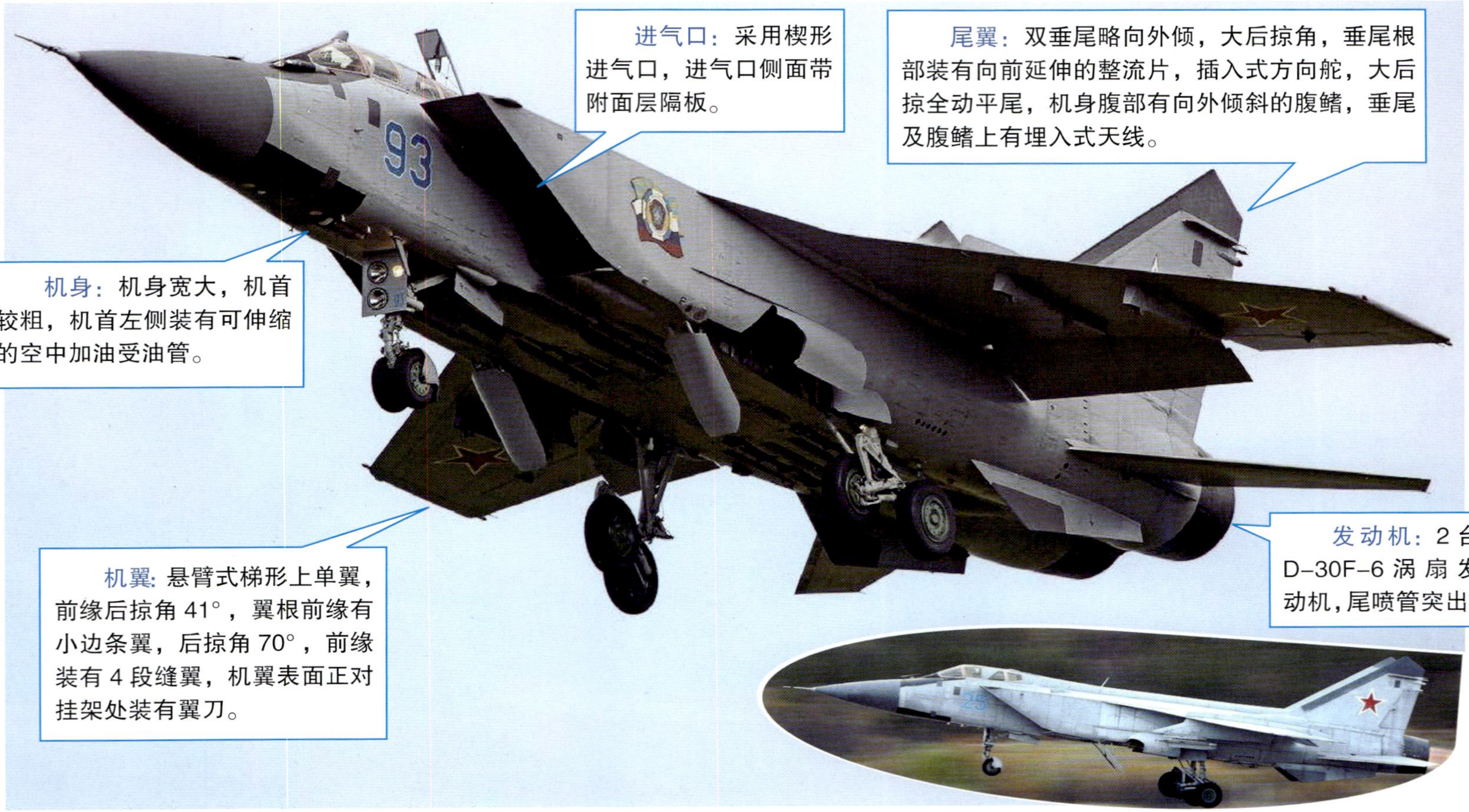
进气口：采用楔形进气口，进气口侧面带附面层隔板。
尾翼：双垂尾略向外倾，大后掠角，垂尾根部装有向前延伸的整流片，插入式方向舵，大后掠全动平尾，机身腹部有向外倾斜的腹鳍，垂尾及腹鳍上有埋入式天线。
机身：机身宽大，机首较粗，机首左侧装有可伸缩的空中加油受油管。
发动机：2 台 D-30F-6 涡扇发动机，尾喷管突出。
机翼：悬臂式梯形上单翼，前缘后掠角 41°，翼根前缘有小边条翼，后掠角 70°，前缘装有 4 段缝翼，机翼表面正对挂架处装有翼刀。

米格 -31 是前苏联米高扬设计局和莫斯科飞机联合生产企业在米格 -25MP 型基础上联合研制的一型双座双发高空高速重型全天候截击机，是目前世界上最大的战斗机，属第四代战斗机，于 1982 年形成战斗力，至今仍是俄罗斯空军主力战斗机之一。

俄罗斯苏-27“侧卫”战斗机

尾翼：大间距双垂尾布局，安装在发动机吊舱外侧的承力梁上，垂尾前缘后掠角为 40°，全动式平尾安装在发动机舱外侧。
机翼：悬臂式中单翼，梯形机翼，下反角 2° 31′，机翼前缘后掠 42°，安装有前缘襟翼，边条翼从主翼前缘直达雷达罩。
机身：全金属半硬壳式机身，机首略向下垂，前机身呈弓形，与机翼平滑过渡，水滴形座舱盖。
发动机：2 台 AL-31F 涡轮风扇发动机，发动机之间间距较大，发动机舱置于升力体下方并相互独立。
进气口：斜切矩形进气口，进气道侧面刀状天线。

安装于发动机之间的大型尾椎是该机显著特征之一。

苏 –27 是苏霍伊设计局研制的单座双发全天候空中优势重型战斗机，属于第四代战斗机。其主要任务是国土防空、护航、海上巡逻等。该型战斗机采用翼身融合体技术，悬臂式中单翼，翼根外有光滑弯曲前伸的边条翼，双垂尾正常式布局。楔形进气道位于翼身融合体的前下方，具有很好的气动性能，进气道底部及侧壁有栅形辅助门，以防起落时吸入异物。全金属半硬壳式机身，机首略向下垂，大量采用钛合金，传统三梁式机翼，四余度电传操纵系统，无机械备份。飞机共有 8 个武器挂架。苏 –27 系列战斗机是俄罗斯（苏联）最成功的机型之一，在 1989 年巴黎航展上，以眼镜蛇机动的高难度动作闻名于世，出口众多国家，并以其为基础衍生出了苏 –30、苏 –33、苏 –34、苏 –35 等机型。

俄罗斯苏 –30 战斗机

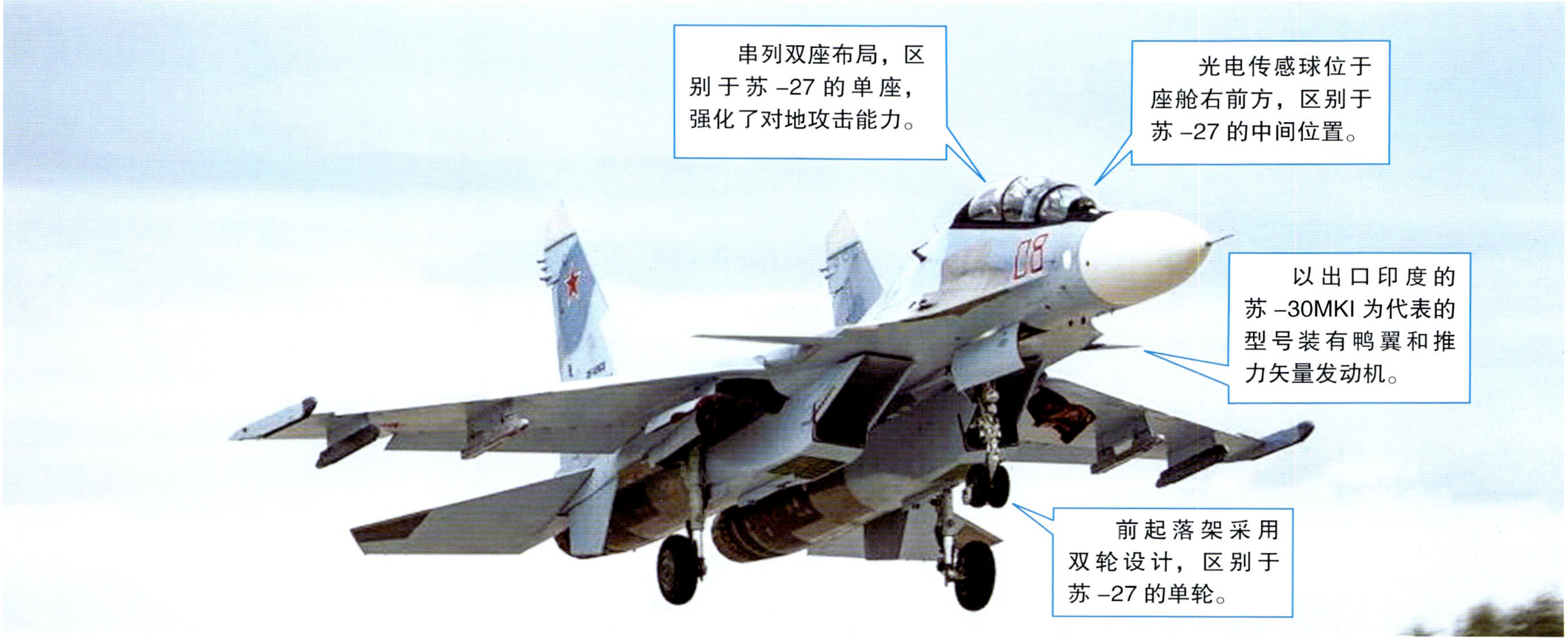
串列双座布局，区别于苏 –27 的单座，强化了对地攻击能力。
光电传感球位于座舱右前方，区别于苏 –27 的中间位置。
以出口印度的苏 –30MKI 为代表的型号装有鸭翼和推力矢量发动机。
前起落架采用双轮设计，区别于苏 –27 的单轮。

苏 –30 战斗机是在苏 –27 基础上改进而成的双座双发多用途战斗机，属于第四代战斗机的改进型，即第四代半战斗机。基本结构与苏 –27UB 教练机相同，作用类似于 F–15E，是一款战斗轰炸机，突出对空对地双重用途，具有超低空持续飞行能力、良好的机动性和一定的隐身性能，在缺乏地面指挥系统信息时仍可独立完成歼击与攻击任务，包括在敌领域纵深执行战斗任务。该机由苏霍伊航空公司设计，主要由阿穆尔河畔共青城加加林飞机制造厂以及伊尔库茨克飞机制造厂生产，最初称为苏 –27PU，1989 年 12 月 31 日首飞，出口型命名为苏 –30K（K 是俄文出口、商业的意思），增强对地作战功能。其中出口印度的型号为苏 –30MKI，出口中国的型号为苏 –30MKK。

印度尼西亚苏-30

印度苏-30MKI

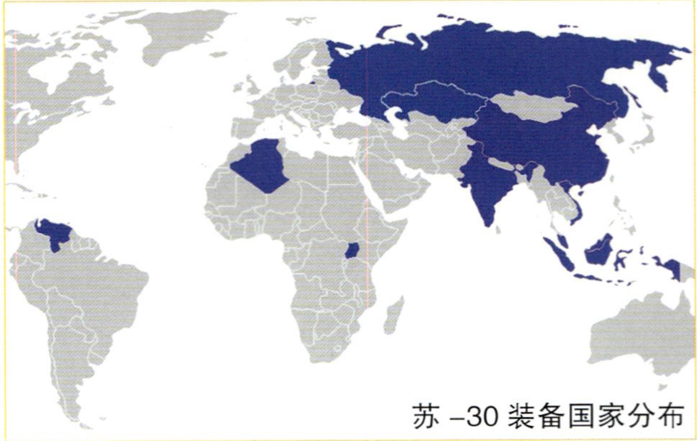
苏-30装备国家分布

委内瑞拉苏-30MKV

俄罗斯苏-33舰载战斗机

前起落架采用双轮设计。
为了提高飞机的起降性能，增加了鸭翼，采用三翼面布局，在提高战机大攻角机动性能的同时，消除鸭式布局在稳定性、配平等方面存在的问题。
采用可折叠的机翼和水平尾翼，以满足舰载机的需要。
着舰尾钩

俄罗斯苏 –35 战斗机

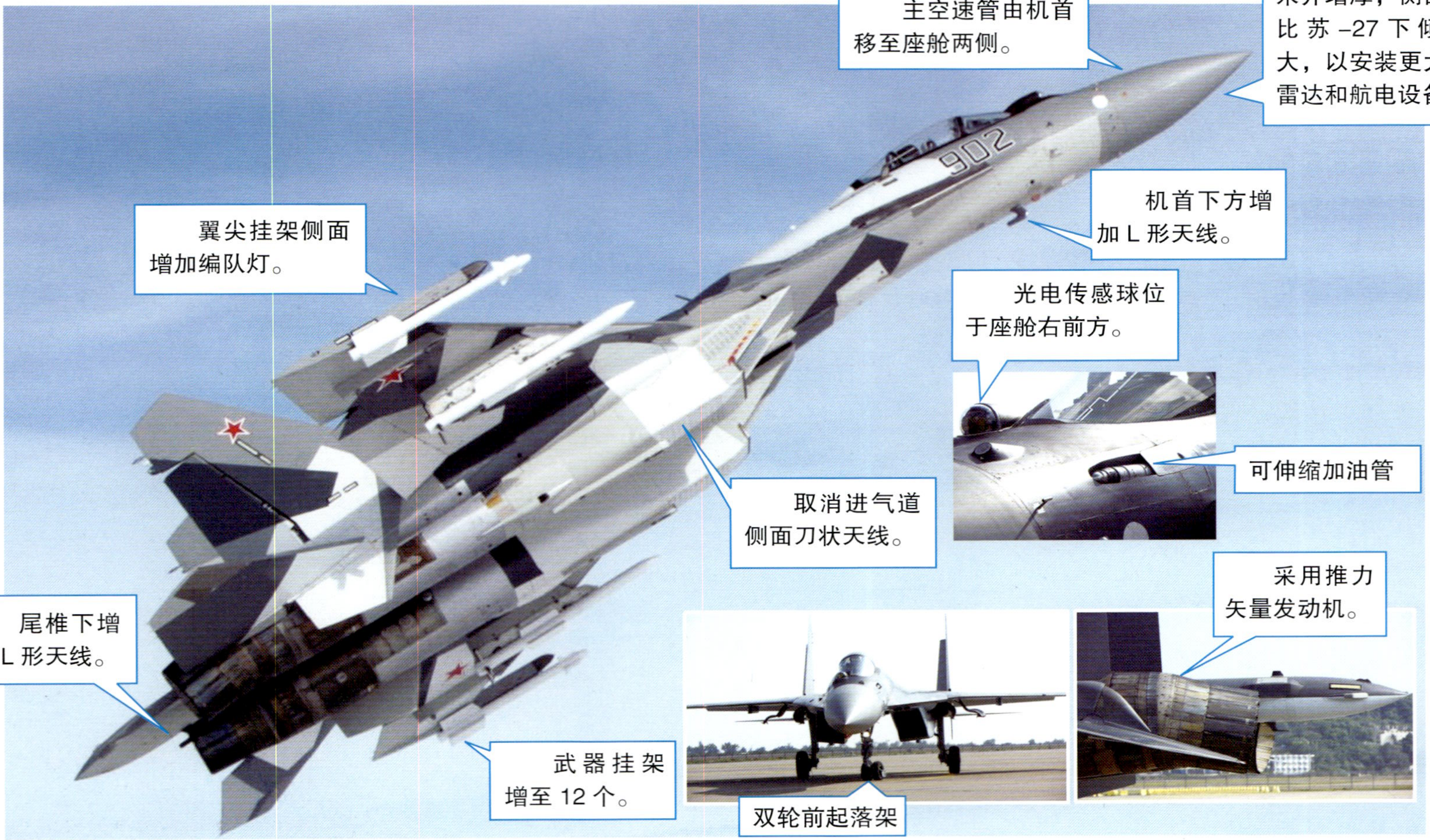
主空速管由机首移至座舱两侧。
机首增长约 1 米并增厚，侧面看比苏 –27 下倾更大，以安装更大的雷达和航电设备。
机首下方增加 L 形天线。
翼尖挂架侧面增加编队灯。
光电传感球位于座舱右前方。
可伸缩加油管
取消进气道侧面刀状天线。
采用推力矢量发动机。
尾椎下增加 L 形天线。
武器挂架增至 12 个。
双轮前起落架

苏 –35 战斗机是俄罗斯苏霍伊设计局在苏 –27 战斗机的基础上研制的深度改进型单座双发、超机动性多用途战斗机，属于四代机改进型，即第四代半战斗机。

俄罗斯苏 -57 战斗机

机翼：后掠三角翼，机翼前缘后掠角 48°，后缘后掠角 10°，多棱角翼面。
机翼前缘的可动边条是苏 -57 的创新，也是其显著特征之一。
发动机：2 台 AL-41F 发动机，两个发动机舱间距较大，可以在之间布置 2 个武器舱。
尾翼：V 形双垂尾，尺寸较小，向外倾斜 27° ~29°，位置靠前；翼身融合设计的水平尾翼，布置在发动机舱两侧的尾撑上。
进气口：斜切矩形进气口位于飞机腹部。

苏 –57 战斗机是俄罗斯单座双发隐身多功能重型战斗机，具备空中格斗和对地攻击能力，具有隐身性能好、起降距离短、超机动性能、超音速巡航等特点，属第五代战斗机。其前身为 T–50 战斗机，2010 年 1 月 29 日首飞，2017 年 8 月正式命名为苏 –57，俄罗斯计划用该型机取代苏 –27 战斗机。

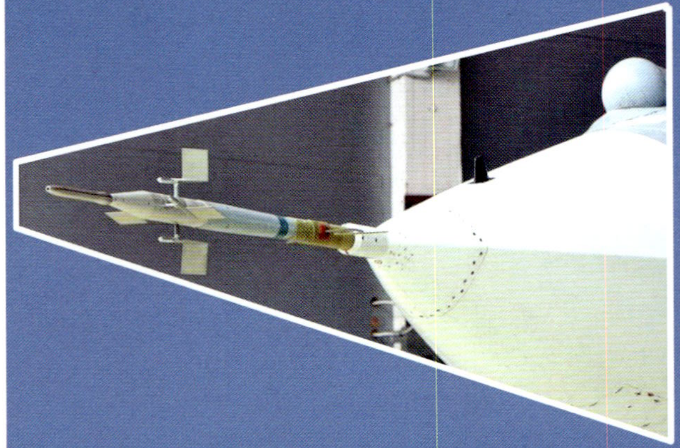

法国“幻影”2000战斗机

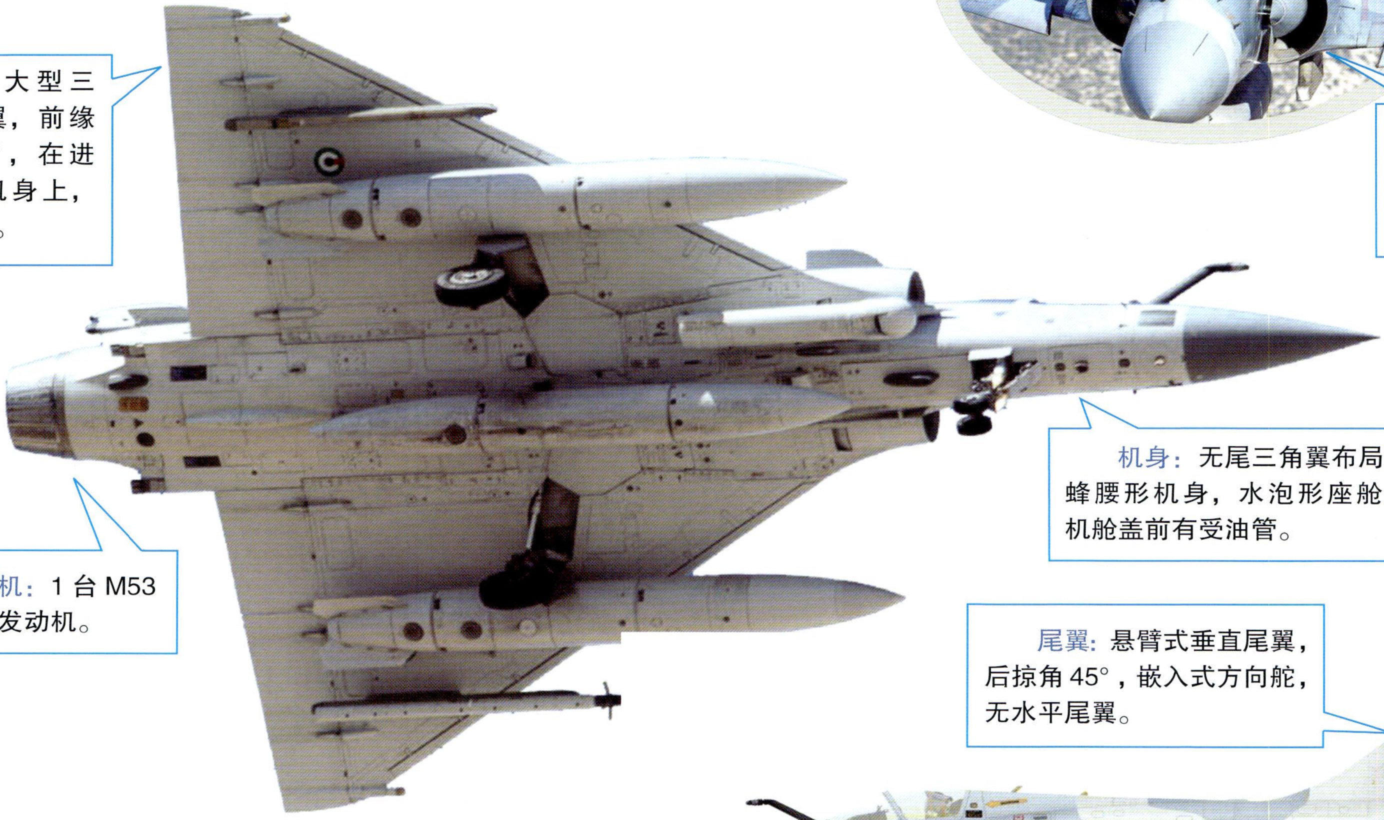

机翼： 大型三角形下单翼，前缘后掠角58°，在进气口后的机身上，有一对小翼。

进气口： 进气口在机身两侧，呈半圆形并带中心半椎体。

机身： 无尾三角翼布局，蜂腰形机身，水泡形座舱，机舱盖前有受油管。

发动机： 1台M53涡轮风扇发动机。

尾翼： 悬臂式垂直尾翼，后掠角45°，嵌入式方向舵，无水平尾翼。

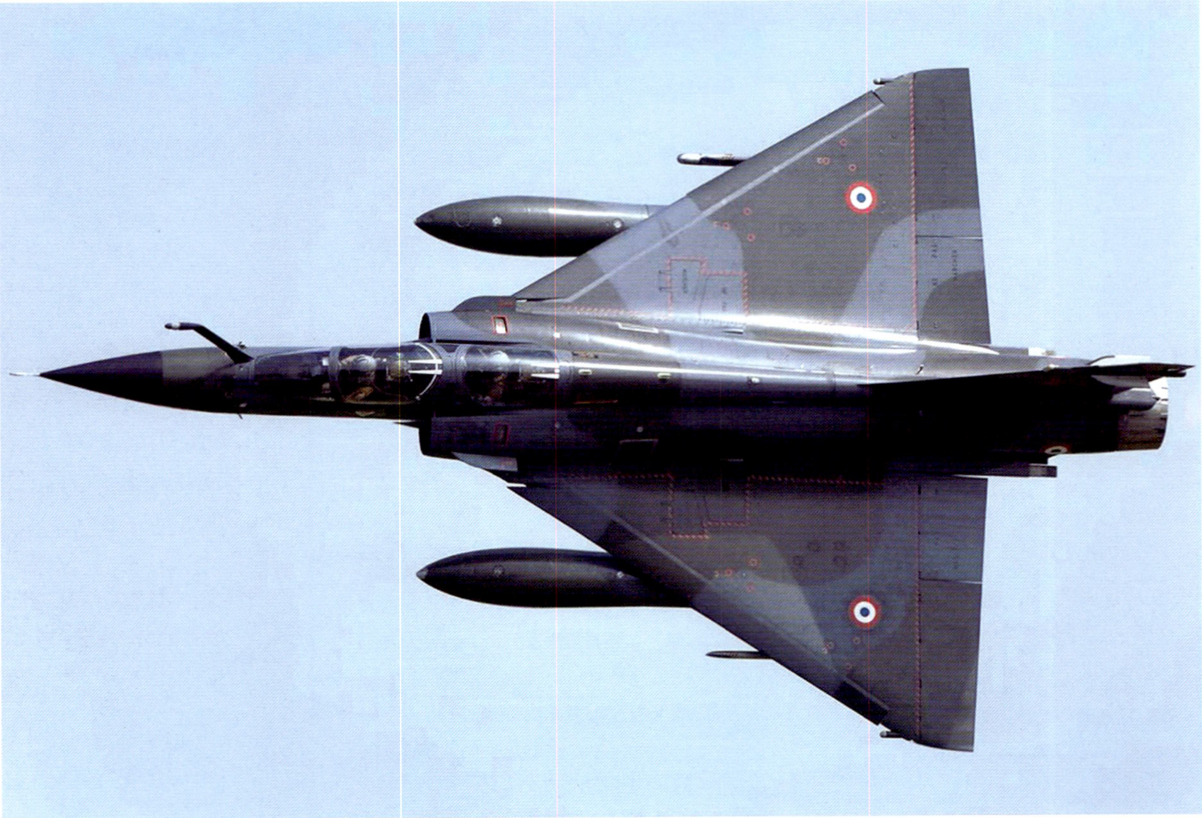

幻影 2000 5F

幻影 2000 B

幻影 2000 D

幻影 2000 N

幻影 2000 战斗机是法国达索公司在 20 世纪 70 年代为法国空军设计的一型单发三角翼轻型超音速多用途战斗机，主要任务是防空截击和制空，也能执行侦察、近距空中支援和战场纵深低空攻击等任务。

幻影 2000 是法国第一种第四代战斗机，由法国自主设计，是第四代战斗机中唯一采用不带前翼的三角翼飞机。幻影 2000 除法国装备外，还外销 8 个国家和地区，总生产 600 余架。基本型是空中优势战斗机 2000C 型，可执行全天候、全高度或全方位、远程拦截任务；在此基础上陆续发展了 2000B 双座教练型、2000D 对地攻击型、2000N 核打击型和空战能力明显提高的 2000–5 型，其改型达 20 余种。

欧洲“台风”战斗机

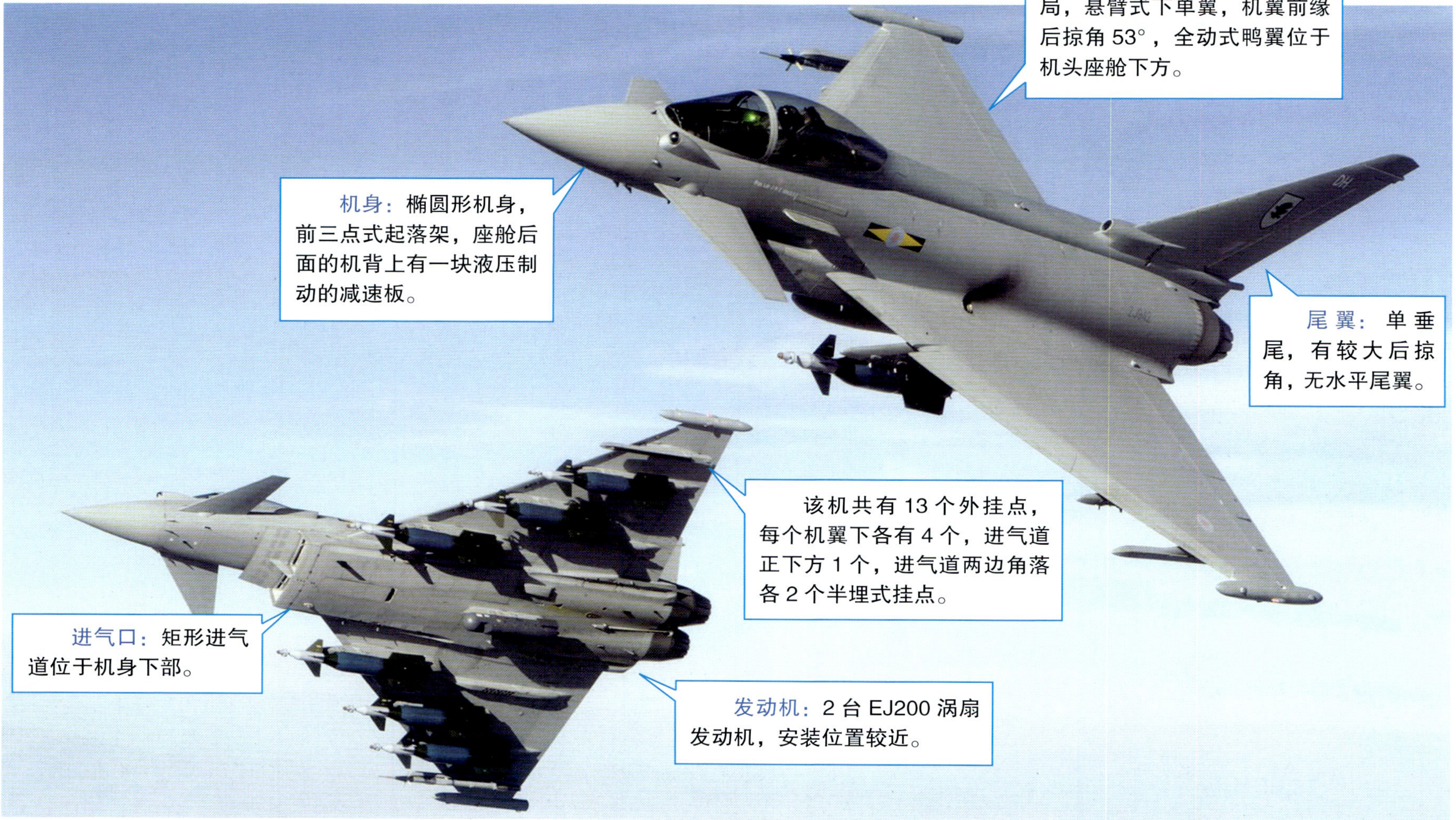
机翼：鸭式三角翼无尾布局，悬臂式下单翼，机翼前缘后掠角 53°，全动式鸭翼位于机头座舱下方。
机身：椭圆形机身，前三点式起落架，座舱后面的机背上有一块液压制动的减速板。
尾翼：单垂尾，有较大后掠角，无水平尾翼。
该机共有 13 个外挂点，每个机翼下各有 4 个，进气道正下方 1 个，进气道两边角落各 2 个半埋式挂点。
进气口：矩形进气道位于机身下部。
发动机：2 台 EJ200 涡扇发动机，安装位置较近。

欧洲台风战斗机，曾命名为 EF-2000，是一款由欧洲战斗机公司（英、德、意、西 4 国合作）设计的双发、三角翼、鸭式布局、高机动性的多用途第四代半战斗机。因其优异的性能表现，与法国达索阵风战斗机和瑞典萨博 JAS-39 战斗机并称为欧洲“三雄”，代表了欧洲航空技术的最高成就。

台风战斗机采用鸭式三角翼无尾布局，矩形进气口位于机身下。这一布局使其具有优异的机动性，但是隐身能力则相应被削弱。操纵系统为全权四余度主动控制数字式电传系统，具有任务自动配置能力。该型机广泛采用碳素纤维复合材料、玻璃纤维增强塑料、铝锂合金、钛合金和铝合金等材料制造，复合材料占全机比例约 40%。台风战斗机凭借优异的气动设计和先进的飞行控制计算机，加上强劲的推力，拥有不亚于美俄最先进战斗机的超机动性能。

法国“阵风”战斗机

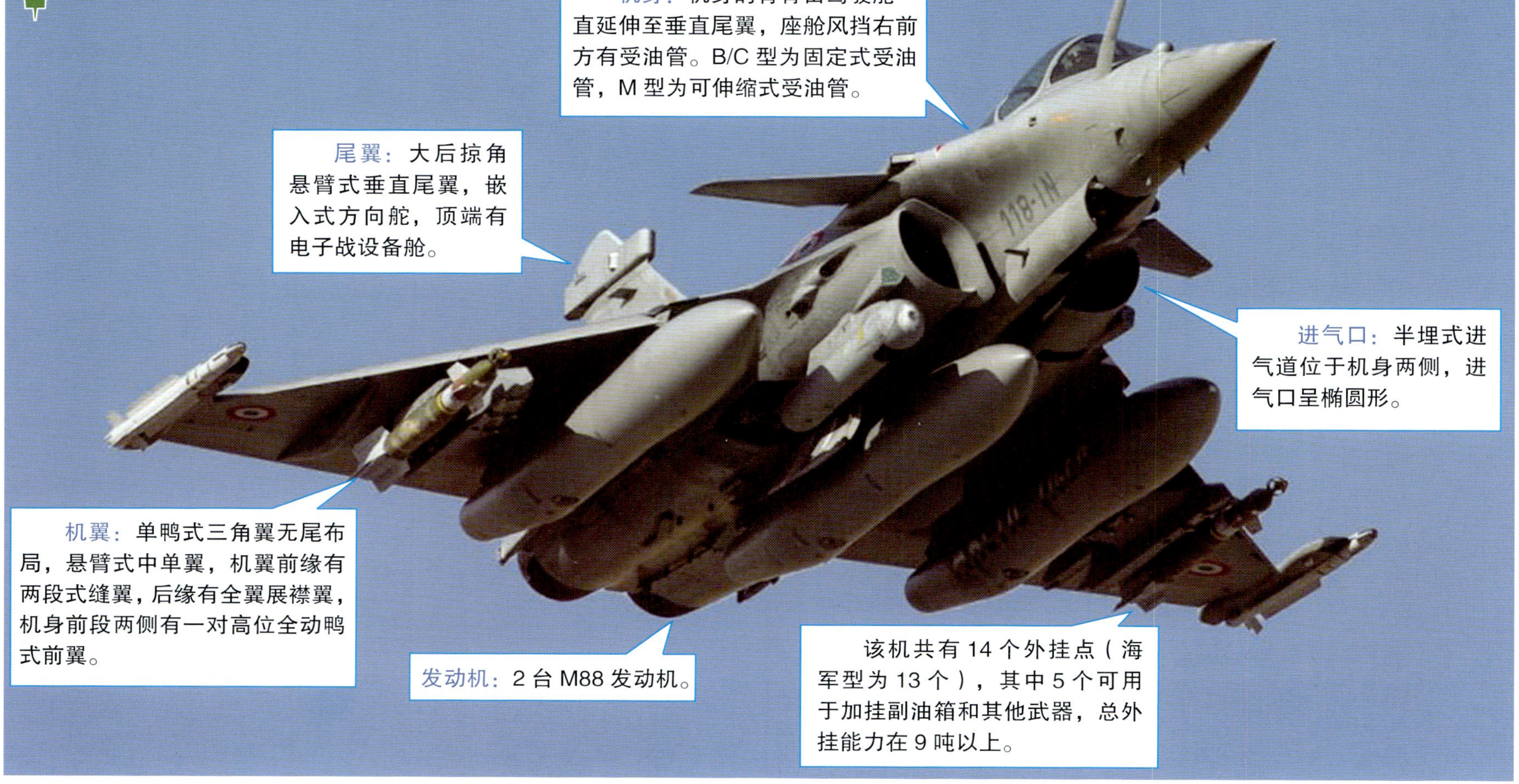
机身：机身的背脊由驾驶舱一直延伸至垂直尾翼，座舱风挡右前方有受油管。B/C 型为固定式受油管，M 型为可伸缩式受油管。
尾翼：大后掠角悬臂式垂直尾翼，嵌入式方向舵，顶端有电子战设备舱。
进气口：半埋式进气道位于机身两侧，进气口呈椭圆形。
机翼：单鸭式三角翼无尾布局，悬臂式中单翼，机翼前缘有两段式缝翼，后缘有全翼展襟翼，机身前段两侧有一对高位全动鸭式前翼。
发动机：2 台 M88 发动机。
该机共有 14 个外挂点（海军型为 13 个），其中 5 个可用于加挂副油箱和其他武器，总外挂能力在 9 吨以上。

阵风战斗机是由法国达索飞机制造公司设计制造的一型双发、三角翼、高机动性、多用途第四代半战斗机，其优势在于多用途性。这款战斗机是世界上“功能最全面”的战斗机，不仅海空兼顾，而且空战和对地、对海攻击能力都十分强大，甚至可以投掷核弹（F3 型）。目前世界上真正属于这类“全能通用型战斗机”的，除阵风外，只有美国的 F/A-18E/F 和 F-35。

阵风战斗机具有非常出色的低速可控性，能借助前翼导引气流下行经主翼，减少涡流。其最低速限制设定为 190 km/h，最低降落速度为 213 km/h，这对在航空母舰上起降非常重要。

瑞典 JAS-39 “鹰狮”战斗机

尾翼：切角三角形单垂尾，大后掠角，上段安装雷达告警系统。
发动机：1 台 RM12 涡扇发动机，发动机从机身下部拆装。
机翼：鸭式三角翼无尾布局，中单翼，后掠角 45°，锯齿形前缘，两组前缘襟翼；全动鸭翼位于涵道两侧，前缘后掠角 43°。
进气口：进气道分布在机身两侧，矩形进气口位于座舱两侧。
机身：机身细长、有蜂腰，圆锥形头部略向下倾，座舱盖在左侧铰接，飞行员从右侧登机，机背上方有背鳍。

JAS-39“鹰狮”战斗机是以瑞典萨博公司为主开发的一型兼具战斗、攻击、侦察功能的全天候全高度多用途战斗机，强调飞机的“变用途”能力和空中优势能力，被称为“北欧守护神”，属第四代半战斗机，有单座和双座教练型两种机型。因其易用性与高效能低价位的特点，它成为当今世界最具关注度、最畅销的战斗机之一，目前装备于瑞典、捷克、匈牙利、南非、泰国等国家。

欧洲“狂风”战斗机

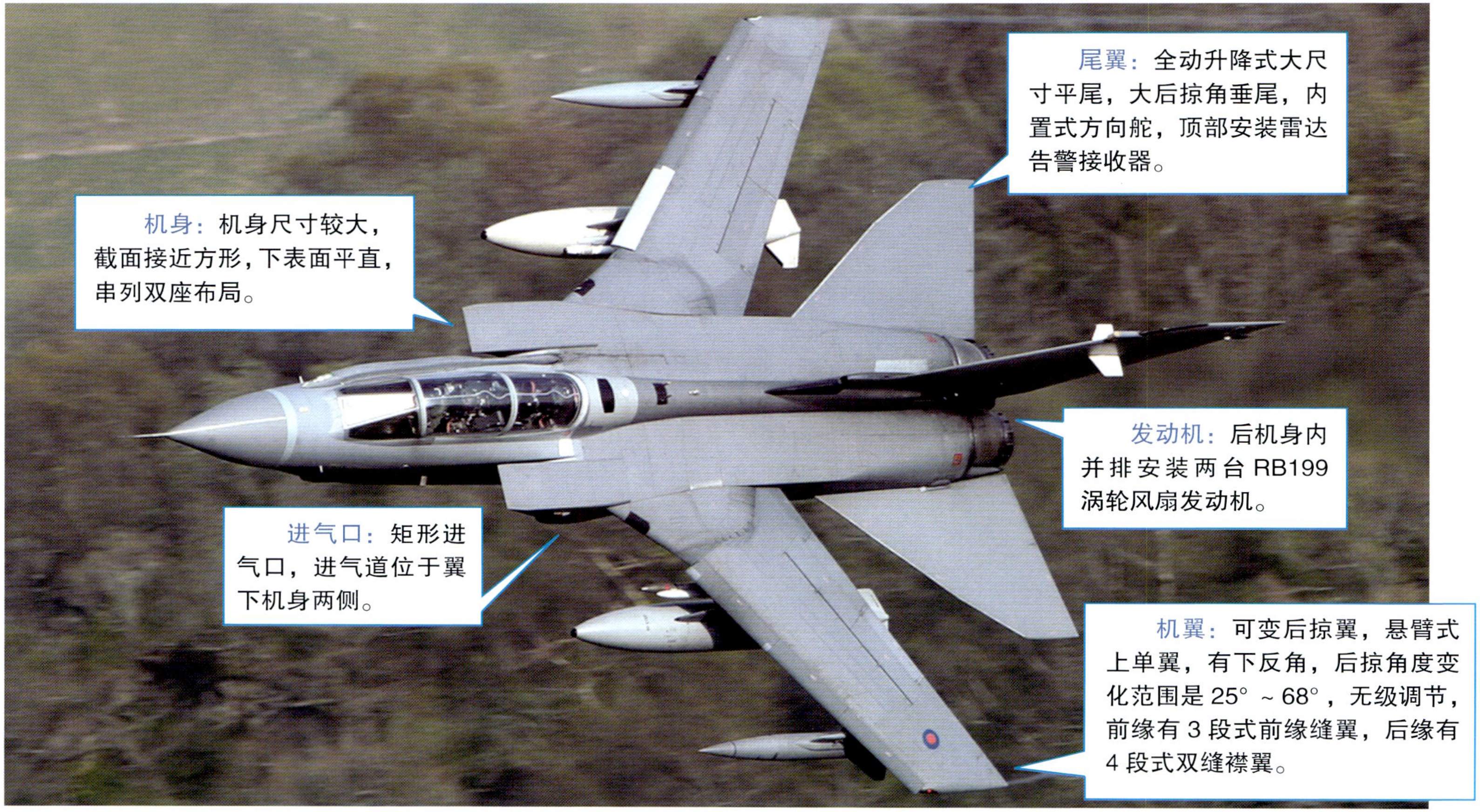
尾翼：全动升降式大尺寸平尾，大后掠角垂尾，内置式方向舵，顶部安装雷达告警接收器。
机身：机身尺寸较大，截面接近方形，下表面平直，串列双座布局。
发动机：后机身内并排安装两台 RB199 涡轮风扇发动机。
进气口：矩形进气口，进气道位于翼下机身两侧。
机翼：可变后掠翼，悬臂式上单翼，有下反角，后掠角度变化范围是 25° ~ 68°，无级调节，前缘有 3 段式前缘缝翼，后缘有 4 段式双缝襟翼。

“狂风”战斗机是英国、德国和意大利联合研制的双座双发超音速变后掠翼战斗机，主要用于近距空中支援、战场遮断、截击、防空、对海攻击、电子对抗和侦察等。它是为适应北约应付突发事件的“灵活反应”战略思想而研制的，主要用来代替 F-4、F-104、“火神”“堪培拉”“掠夺者”等战斗机和轰炸机。“狂风”战斗机属第四代战斗机。

日本三菱 F-2 战斗机

垂尾根部加装了阻力伞。

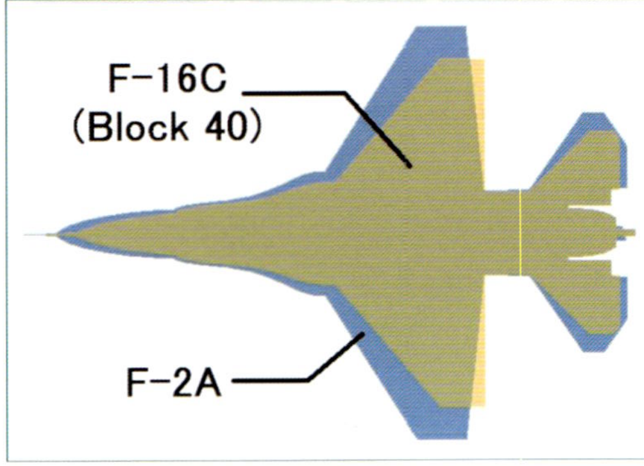

三菱 F-2 与通用 F-16 轮廓对比

三菱 F-2 战斗机是日本航空自卫队隶下的主要战斗机之一，由三菱重工和洛克希德·马丁公司合作，以 F-16C 为基础研制，于 1995 年完成原型机并于 2000 年开始服役，是世界上第一种将主动相控阵（有源电子扫描阵列）雷达投入服役的战斗机，属第四代战斗机。三菱 F-2 的主要改动包括：加长了机身，重新设计了雷达罩，集成了先进的电子设备（包括主动相控阵雷达、任务计算机、INS 以及集成电子武器系统等），加长了座舱，增加了机翼面积并采用了单块复合材料结构，机翼前缘采用了雷达吸波材料，机身和尾部应用了先进的复合材料和先进的结构技术，加装了阻力伞。动力装置为通用电气公司的 F110-GE-129 发动机。三菱 F-2 的机身截面基本与 F-16 相同，但为增加内部容量，稍稍增加了机身中段长度。该机有 A、B 两种型号，A 型为单座，B 型为双座。

以色列“幼狮”战斗机

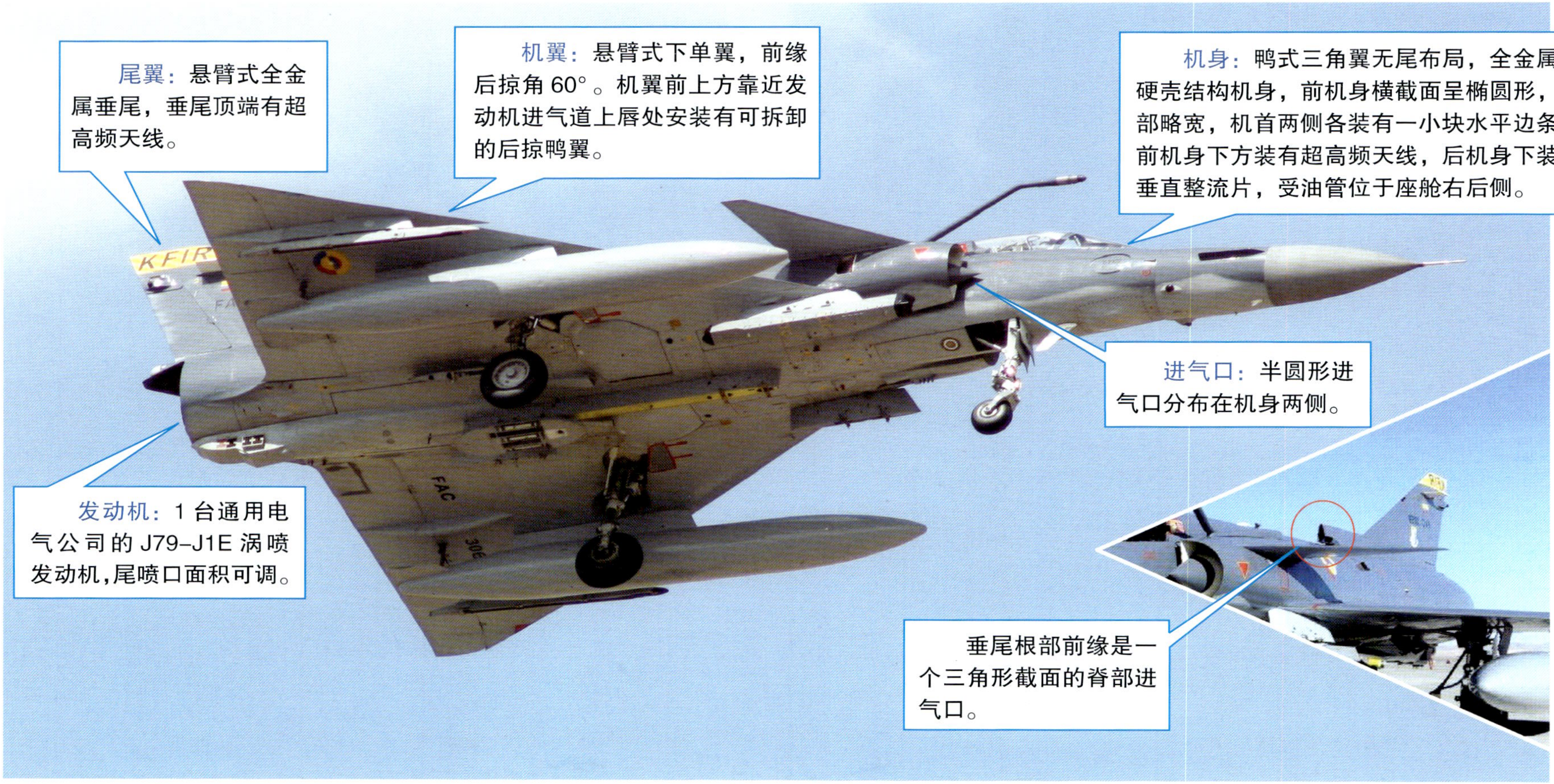
尾翼：悬臂式全金属垂尾，垂尾顶端有超高频天线。
机翼：悬臂式下单翼，前缘后掠角 60°。机翼前上方靠近发动机进气道上唇处安装有可拆卸的后掠鸭翼。
机身：鸭式三角翼无尾布局，全金属半硬壳结构机身，前机身横截面呈椭圆形，底部略宽，机首两侧各装有一小块水平边条，前机身下方装有超高频天线，后机身下装有垂直整流片，受油管位于座舱右后侧。
进气口：半圆形进气口分布在机身两侧。
发动机：1 台通用电气公司的 J79-J1E 涡喷发动机，尾喷口面积可调。
垂尾根部前缘是一个三角形截面的脊部进气口。

“幼狮”是以色列航空工业公司 (IAI) 研制的一型单座单发超音速多用途战斗机，采用无尾三角翼布局。该机是以法国达索“幻影” 3/5 机体为基础，改装美国通用电气公司 J79-GE-17 涡喷发动机和以色列电子设备而成的改进型战斗机，属第三代战斗机。

印度 LCA 战斗机

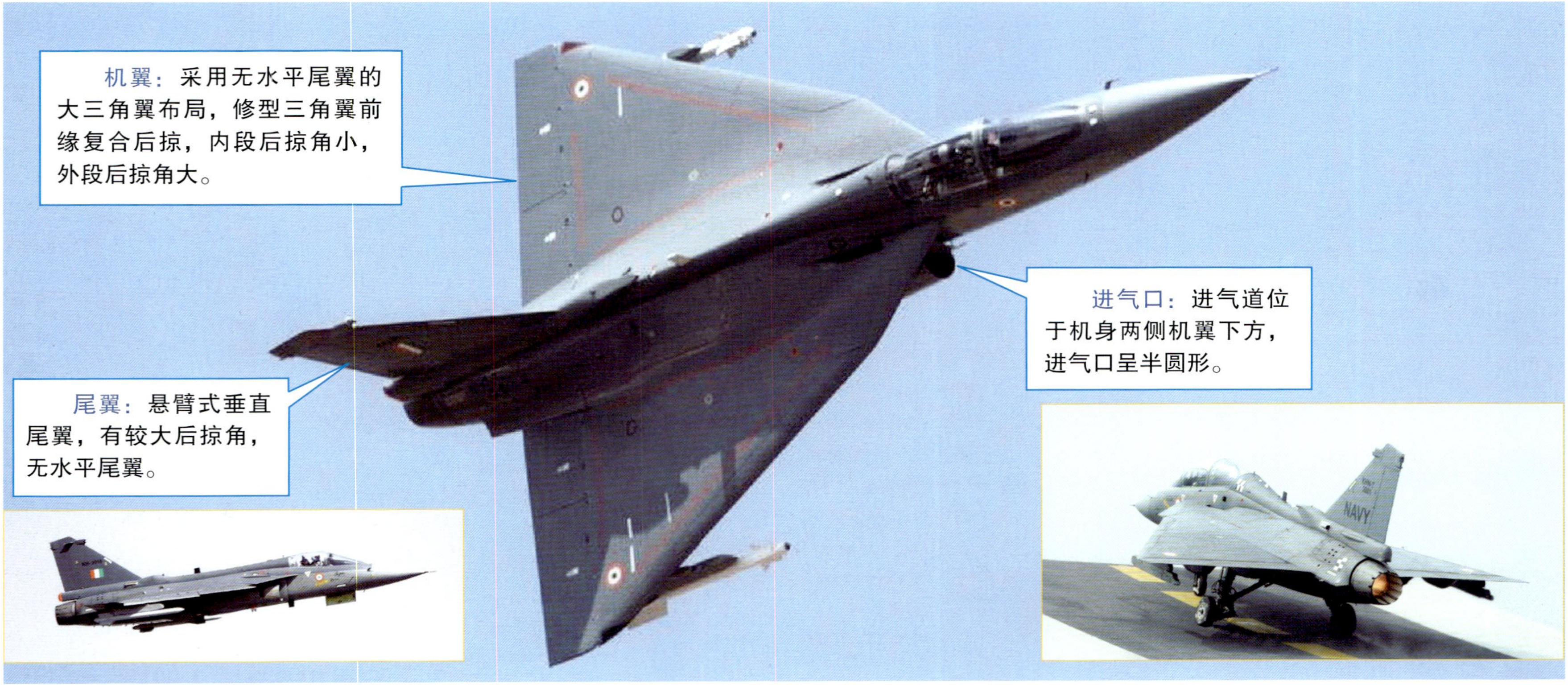
机翼：采用无水平尾翼的大三角翼布局，修型三角翼前缘复合后掠，内段后掠角小，外段后掠角大。
尾翼：悬臂式垂直尾翼，有较大后掠角，无水平尾翼。
进气口：进气道位于机身两侧机翼下方，进气口呈半圆形。
NAVY

LCA 战斗机是印度斯坦航空公司于 20 世纪 80 年代初开始为印度空军研制的一型单座单发全天候超音速战斗机，属第四代战斗机。该机的主要任务是争夺制空权、近距支援，是印度自行研制的第一种高性能战斗机。它的研制受法国幻影 2000 战斗机影响很大，采用无尾三角翼设计，这种气动外形能在确保轻小性的同时，最大限度地减少操纵面，增加外挂的选择性，增强近距缠斗能力，同时继承了无尾三角翼优秀的短距起降能力。受印度自身研发实力限制，虽然包括发动机在内的关键部件都是从国外引进，但该机研制工作仍进展缓慢，前后持续 30 多年。

中国台湾 IDF 战斗机

机翼：采用中等展弦比、中等后掠角中单翼，翼根前方的边条翼一直延伸到座舱两侧的方式和 F/A-18 十分相似。
尾翼：带下反角的全动式平尾翼和较大后掠角的垂直尾翼。
机身：机身为全金属半硬壳结构，采用翼身融合设计方式，机首微微向下倾，气泡式座舱使飞行员拥有良好的视野。
进气口：机身两侧椭圆形进气口，进气口向机身内部弯曲缩小。
发动机：2 台 TFE-1042-70 发动机，并列安装于机身内部的后侧。

IDF 战斗机（又称自制防御战机），是中国台湾在美国技术协助下设计研发的一种轻型超音速喷气式战斗机，具备视距外作战能力，属第四代战斗机。该机 1983 年开始研制，1994 年量产，最初计划生产 250 架，受中国台湾购买 F-16、幻影 2000 的影响，最后定购量缩减为 130 架，并已经完成生产。

各国（地区）主要战斗机性能一览表

机型	最大起飞重量（千克）	机长（米）	机高（米）	翼展（米）	最大航程（千米）	最大飞行速度（千米/小时）
F−14	33700	19.1	4.88	19.55	2573	2485
F−15	30800	19.45	5.65	13.05	5745	2665
F−16	19185	15.09	5.09	9.45	4220	2120
F−22	38000	18.90	5.08	13.56	2963	2756
F−35	31800	15.67	4.33	10.7	2220	1960
米格 −21	9600	15.4	4.13	7.15	1300	2230
米格 −29	20000	17.37	4.73	11.4	2100	2818
米格 −31	46200	22.69	6.15	13.46	3300	3036
苏 −27	33000	21.9	5.93	14.7	3790	2500
苏 −30	34500	21.94	6.36	14.7	3000	2125
苏 −33	33000	21.19	5.93	14.7	3000	2300
苏 −35	34000	21.9	5.9	15.3	4500	2390
苏 −57	35000	19.8	4.74	13.95	4300	2600
幻影 2000	17000	14.36	5.2	9.13	3335	2530
台风	23500	15.96	5.28	10.95	2900	2450
阵风	21500	15.27	5.34	10.8	3700	2120
鹰狮	14000	14.1	4.5	8.4	3200	2204
狂风	28000	16.72	5.95	13.91	3890	2417
F−2	22100	15.52	4.86	11.1	3900	2450
幼狮	16500	15.65	4.55	8.22	3232	2440
LCA	13500	13.2	4.4	8.2	1700	2205
IDF	12530	14.21	4.73	9.42	2400	2000

各国家（地区）四、五代战斗机装备情况

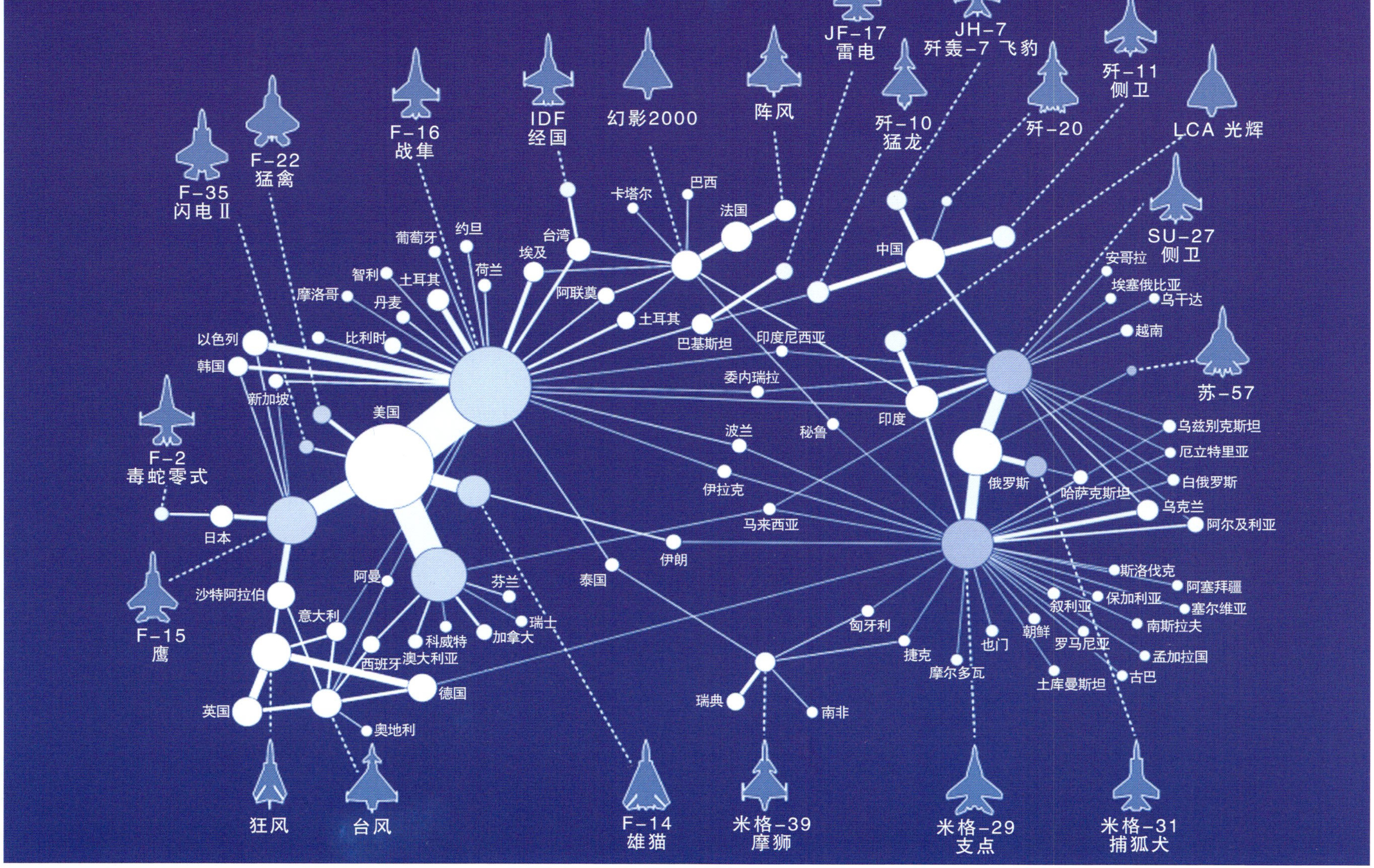

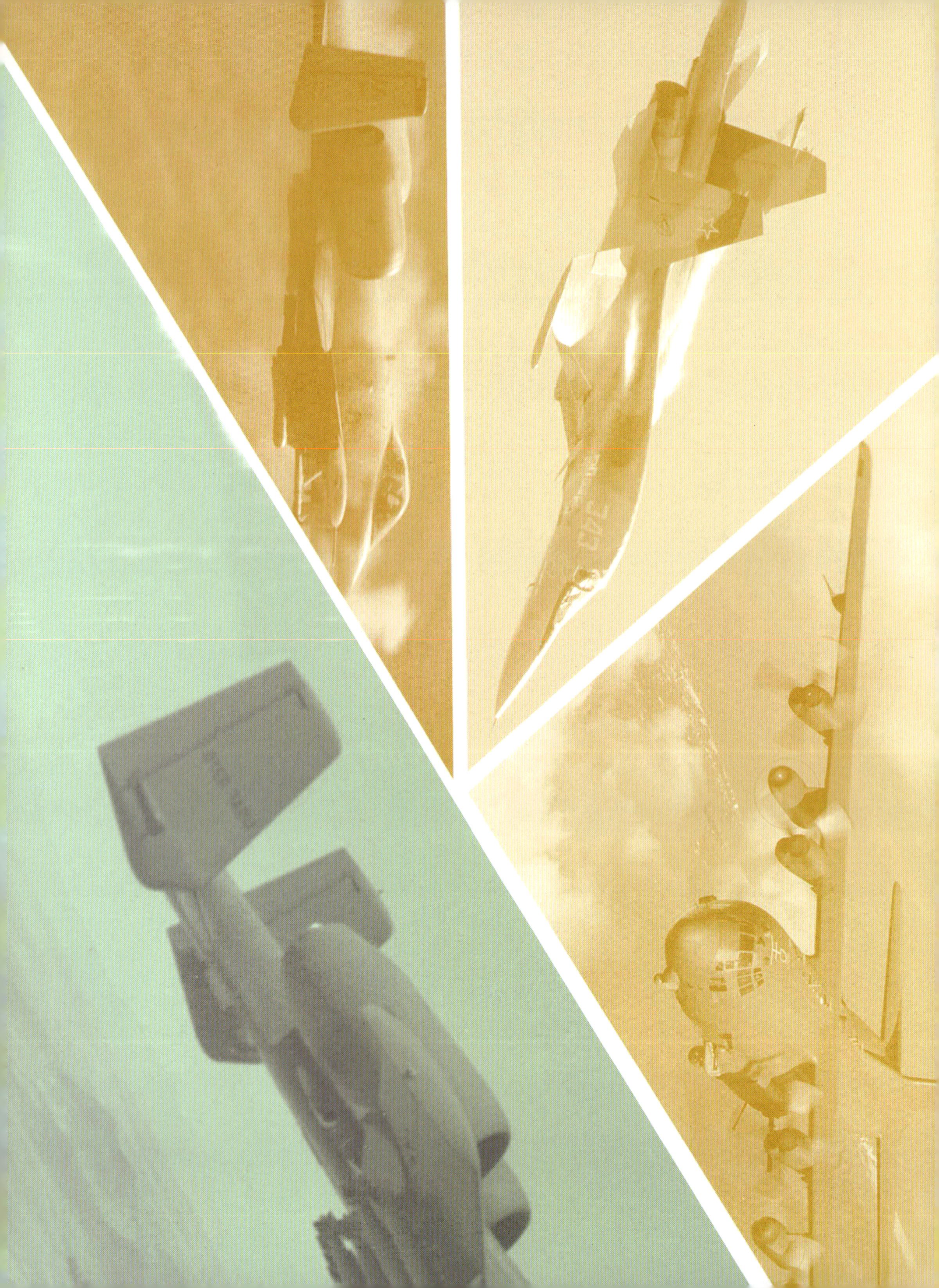

第三章　攻击机 / 战斗攻击机

攻击机，也叫强击机，主要用于从低空、超低空突击敌战术或浅近战役纵深内的目标，直接支援地面部队作战。它具有良好的低空操纵性、安定性和良好的地面小目标搜索能力，可配备多种对地攻击武器。典型的攻击机包括美国空军的 A–10“雷电”攻击机，俄罗斯（苏联）的苏 –25“蛙足”攻击机和英国的 AV–8B“鹞”式攻击机。

战斗攻击机也称战斗轰炸机、歼击轰炸机，是一种兼有歼击机和轰炸机特点的作战飞机，主要用于突击敌战役战术纵深内的地面 / 水面目标。战斗攻击机除了具有对地对海攻击作用外，也可携带对空武器进行空中格斗，具有一定的空战能力。其代表机型包括美国的 F/A–18“大黄蜂”战斗轰炸机、俄罗斯的苏 –34 战斗轰炸机等。

攻击机和战斗攻击机的区别主要在于突防手段和空战能力不同。攻击机主要靠低空飞行和装甲保护来进行突防，而战斗攻击机则主要靠低空高速飞行；攻击机一般不用于空战，而战斗攻击机具有空战能力。此外，攻击机一般可在野战机场起降，环境适应能力强，而战斗攻击机一般需要条件较好的永备机场。

美国 A-10“雷电Ⅱ”攻击机

发动机：两台通用 TF34-GE-100 发动机安装在机身后部，位置较高，可以避免航炮射击造成的发动机吞烟，在起降时可最大限度避免发动机吸入异物。
尾翼：两个垂直尾翼，可增加飞行安全性，作战中即使有一个垂尾遭到破坏，飞机也可以操纵。
机翼：平直下单翼，每个机翼下有 4 个武器挂架；起落架舱在机翼下方。
机身：机身呈椭圆形，由前向后逐渐变细。座舱周围是“浴盆”形的钛合金装甲。

A–10 是一种单座双引擎攻击机，是美国空军现役唯一一种负责对地面部队提供密集支援任务的攻击机，1972 年 5 月 10 日首次试飞，1975 年 10 月 21 日生产型首飞，同年服役。在“攻击机已走入穷途末路”的舆论声中，A–10 攻击机坚强地走了过来。它既不能快速飞行，装备也不先进，看起来甚至显得笨拙。在多用途战斗机大行其道的时候，其作用丝毫没有受到影响，实战表现非常优异，再次证明了“不要最先进、只要最合适”的武器平台思想是设计武器装备必须贯彻的指导原则。

A–10 的设计非常适合低空作战。该机所采用的中等厚度大弯度平直下单翼、尾吊双发、双垂尾的常规布局，是决定其成为优秀武器平台的关键。这种设计不仅便于安排翼下挂架，而且其长长的平尾与两个垂直尾翼设计能遮蔽发动机排出的火焰与气流，有利于抑制红外制导的地空导弹攻击。尾吊发动机不仅可以简化设计、减轻结构质量，还可以避免因 30 毫米七管炮射击造成的发动机吞烟，在起降时可最大限度地避免发动机吸入异物。两个垂直尾翼增加了飞行安定性，作战中即使有一个垂尾遭到破坏，也不会导致飞机无法操纵。长长的机翼，不仅可以提高航程，还可以实现短距起降，下垂的翼端设计还可以减小阻力，增加约 8% 的航程。

美国 F/A-18“大黄蜂”战斗 / 攻击机

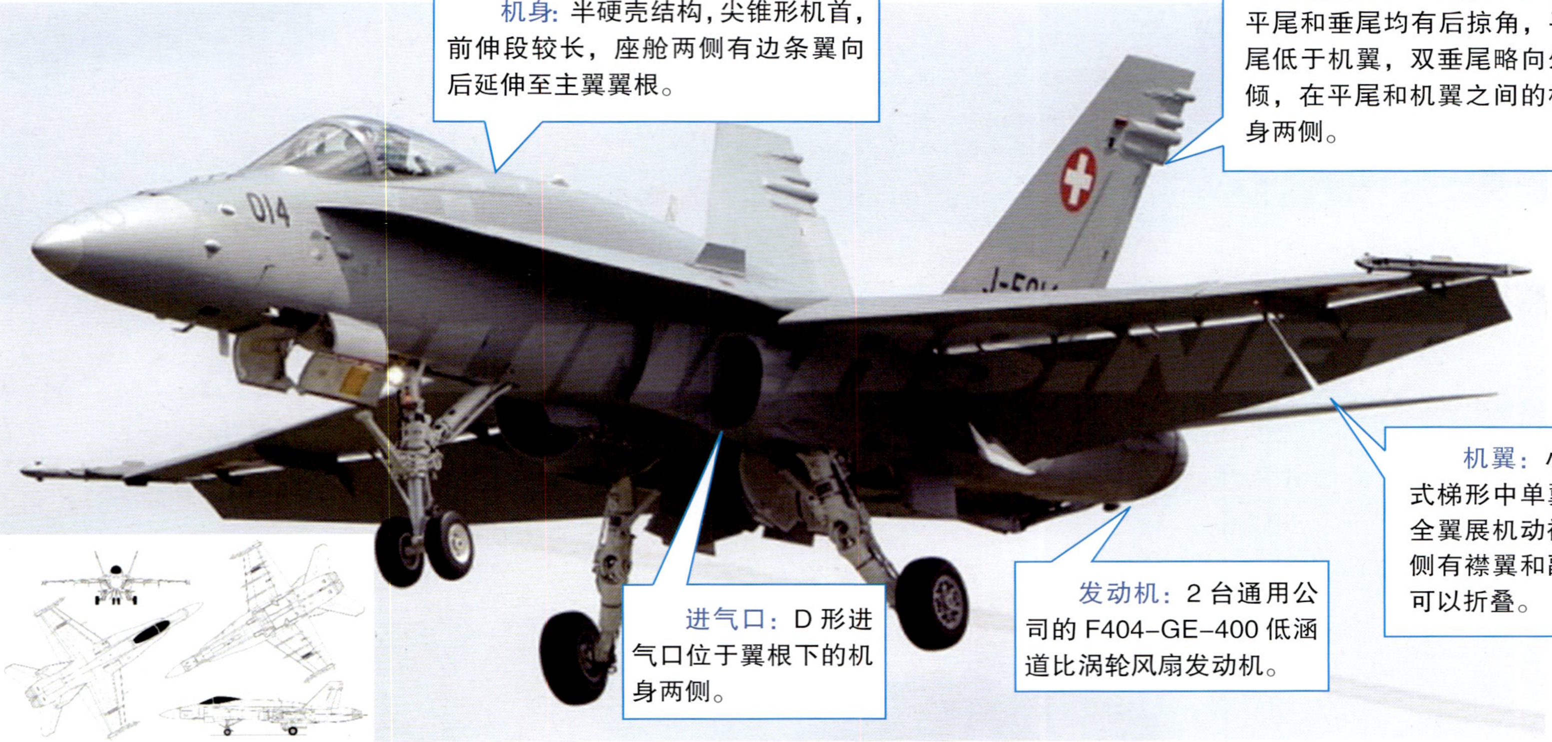
机身：半硬壳结构，尖锥形机首，前伸段较长，座舱两侧有边条翼向后延伸至主翼翼根。
尾翼：采用悬臂式结构，平尾和垂尾均有后掠角，平尾低于机翼，双垂尾略向外倾，在平尾和机翼之间的机身两侧。
进气口：D 形进气口位于翼根下的机身两侧。
发动机：2 台通用公司的 F404-GE-400 低涵道比涡轮风扇发动机。
机翼：小后掠角悬臂式梯形中单翼，前缘装有全翼展机动襟翼，后缘内侧有襟翼和副翼，外翼段可以折叠。

F/A-18 是美国麦克唐纳·道格拉斯公司（现为波音公司）和诺斯罗普公司为美国海军研制的舰载双发超音速多用途战斗 / 攻击机，由于该机既可用于空战又能进行对地攻击，因此编号为 F/A-18。该机具有可靠性和维护性好、生存力强、机动性好等特点，尤其是具有很好的大迎角飞行特性。1980 年 5 月开始交付美国海军，型别主要有：A 型，单座战斗攻击型；B 型，双座战斗教练型；以及 C/D 型、A/B 型的改进型等。该机除装备美国海军和海军陆战队外，还出口到加拿大、澳大利亚、西班牙、瑞士和韩国等国家。

美国 F/A-18E/F“超级大黄蜂”战斗 / 攻击机

加大了边条尺寸，边缘为尖拱形，而不是“大黄蜂”的 S 形。
机翼：机翼的基本形式与“大黄蜂”相同，只是按比例放大了 25%，翼展增加了 1.3 米，翼面积增加了 9.29 平方米。
机身：与“大黄蜂”相比，机身有所延长，每个机翼下方多出一个武器挂架。
发动机：2 台通用公司的 F414-GE-400 发动机，最大推力较“大黄蜂”增加了 35%。
进气口：采用加莱特进气口，取代了 F-18 的 D 形进气口。
尾翼：垂尾面积增加了 15%，方向舵面积增加了 54%。

F/A-18E/F 是在 F/A-18C/D 的基础上发展的舰载战斗 / 攻击机，E 型为单座型，F 为双座型。与 F/A-18 相比，该机加长了机身和翼展，增加了机翼和水平尾翼的面积，增加了载油量和武器数量，加大了航程。2001 年投入使用，是美国海军主力攻击机。

美国 F-5E“虎”式战斗机

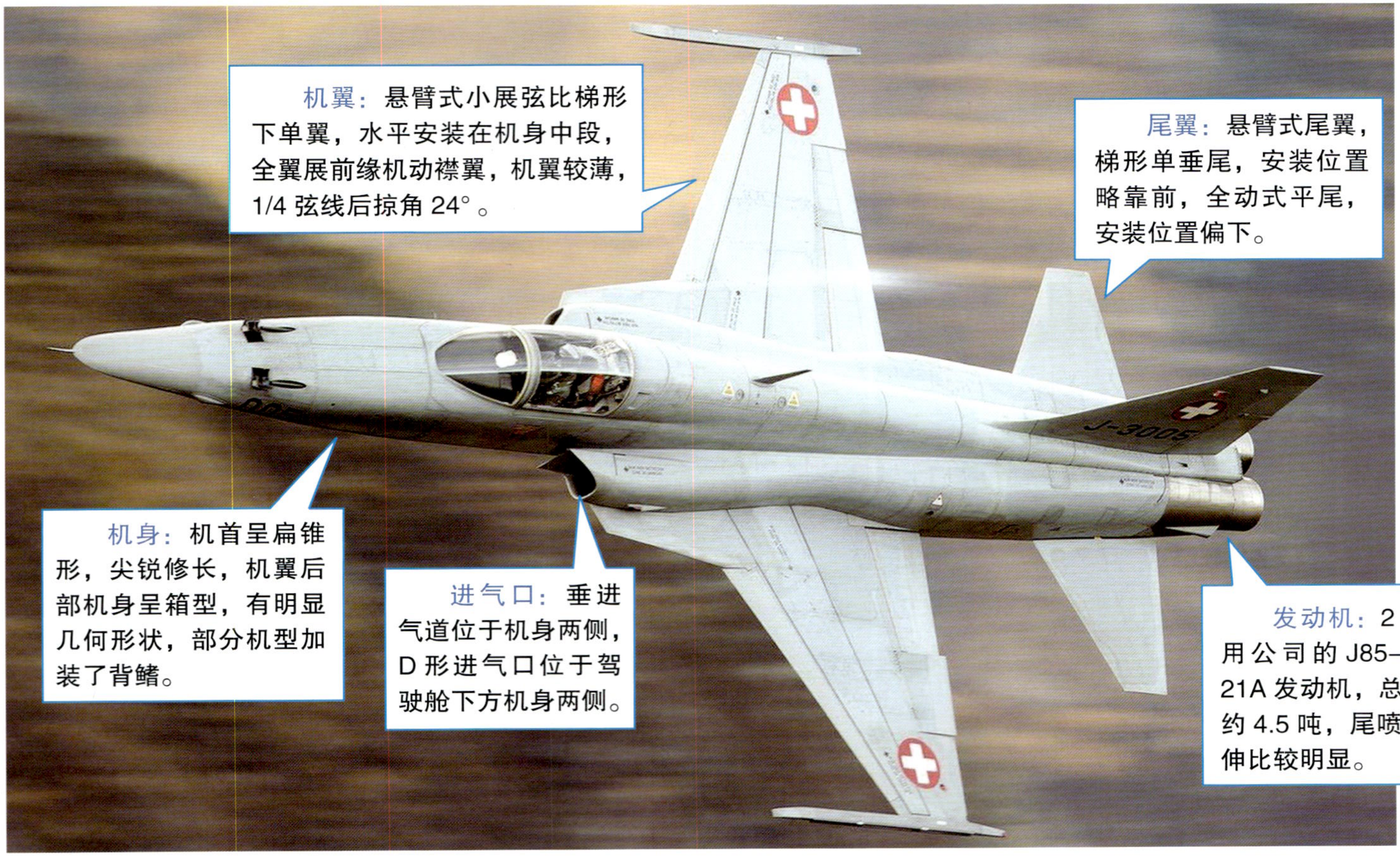
机翼：悬臂式小展弦比梯形下单翼，水平安装在机身中段，全翼展前缘机动襟翼，机翼较薄，1/4 弦线后掠角 24°。
尾翼：悬臂式尾翼，梯形单垂尾，安装位置略靠前，全动式平尾，安装位置偏下。
机身：机首呈扁锥形，尖锐修长，机翼后部机身呈箱型，有明显几何形状，部分机型加装了背鳍。
进气口：垂进气道位于机身两侧，D 形进气口位于驾驶舱下方机身两侧。
发动机：2 台通用公司的 J85-GE-21A 发动机，总推力约 4.5 吨，尾喷管后伸比较明显。

F-5 是美国诺斯罗普公司 1955 年开始研制的一种轻型战术战斗机，是美国 “对外军援” 的主要机型。F-5 的设计不追求高性能，设备简化，适当牺牲自动化程度，重量轻，使用方便，维护简单，可野外起落，造价低。F-5E 为重要改型，20 世纪 70 年代开始研制，80 年代作为 F-5A 后继型号继续援助原来一些受援国家及地区的空军，中国台湾地区空军是其主要用户之一。

美国 F-4“鬼怪”战斗机

机身：全金属半硬壳式机身结构，机首相对下垂，气泡式串列双座驾驶舱。
尾翼：悬臂全动式整体平尾，下反角 23°，垂直尾翼大角度后掠。
发动机：2 台通用电气公司的 J79-GE-17 加力式涡轮喷气发动机，安装位置靠前。
机翼：悬臂式下单翼，外翼段上反角设计是其典型识别特征，上反 12°，机翼前缘后掠角 45°。
进气口：矩形进气口位于前机身两侧。

英国“鹞”式战斗机

尾翼：倒T形尾翼，全动式平尾。平尾与机翼一样具有较大下反角。
发动机：1台飞马系列发动机，机身中部有4个矢量推力喷管。
机身：单座正常式布局，半圆形进气口紧贴机身，使机身横截面呈圆形，后机身逐渐变细，下部有单腹鳍。
机翼：悬臂式上单翼，带较大下反角，前缘后掠角36°，加装前缘边条。
进气口：半圆形的进气口位于机身两侧。
自行车式起落架，后起落架为双轮，机翼下有辅助小轮。

“鹞”式战斗机是一种亚音速单座单发垂直/短距起降战斗机，是由英国霍克飞机公司和布里斯托尔航空发动机公司研制的世界上第一种实用型垂直/短距起降战斗机，其主要任务是海上巡逻、舰队防空、攻击海上目标、侦察和反潜等。该机分为三个主要系列：对地攻击型GRMK系列，双座教练型TMK系列，海军型和出口型MK、FRSMK系列。其中MK50是为美国海军陆战队生产的单座空中支援和侦察型战斗机，美军编号为AV-8A，GRMK5是MK50的改进型，美军编号为AV-8B。

美国 AC-130 攻击机

AC-130 重型攻击机，由洛克希德·马丁公司以美国空军 C-130 运输机为基础改进而来，被称为“空中炮艇”，主要用于空中支援与武装侦察等，对于零星分布于地面、缺乏空中火力保护的部队有致命的打击能力。该机有 4 种改型，最新型是 AC-130U“幽灵”，配备的武器包括 1 门 25 毫米 GAU-12/U 航炮、1 门侧向的 40 毫米“博福斯”炮、1 门 M102 型 105 毫米榴弹炮和最新型的目标探测火控系统。

俄罗斯苏 –34“鸭嘴兽”战斗轰炸机

尾翼：双垂尾，前沿后掠角 47°，全动平尾后掠角约 50°。
机身：机首扁平，并列双座座舱是其显著特征，三翼面布局，机鼻左侧有一个可伸缩的空中加油探头。
发动机：2 台 AL–31 或 AL–35 加力涡扇发动机，安装在机翼下方，发动机之间间距较大，装有粗大的尾椎。
机翼：梯形中单翼，机翼平直，前缘后掠角为 42°，边条翼较大，前缘有一对鸭翼。

苏 –34 是在苏 –27 战斗机的基础上研发的高机动性、全天候、超音速、双发双座战斗轰炸机，继承了苏 –27 战斗机优异的气动外形，对机身结构进行了全新的设计。俄罗斯空军 2007 年开始接收该机，截止 2018 年 12 月，装备约 120 架，是俄罗斯空军的主力战斗轰炸机。

叙利亚战场上的苏 -34

前起落架为并列双轮，主起落架采用串列双轮布局，能够在粗糙铺装跑道起降。

巨大的尾椎安装有后视雷达，同时起到平衡升力的作用。

进气口：矩形斜切进气口位于机翼根部下方。

俄罗斯苏-25“蛙足”攻击机

04
左侧是空速管，右侧是为火控计算机提供数据的传感器。
进气口：椭圆形进气口，进气道较长。
机身为全金属半硬壳式结构，机身短粗，全焊接座舱，底部及四周装有24毫米钛合金防弹装甲。
翼尖小舱内装电子对抗设备，在此小舱下部有可收放的着陆灯。
尾翼：平尾为悬臂式结构，其安装角可变，并有小的上反角；垂尾呈梯形，有较大后掠角，分为2段。
机翼：悬臂式上单翼，大展弦比梯形直机翼，有下反角，机翼前缘后掠角20°，机翼后缘平直，分为3段，翼尖处有小舱。
发动机：在后机身下方两侧装有2台R-195无加力式涡轮喷气发动机。

苏-25是苏霍伊设计局研制的高亚音速单座近距支援攻击机，也是前苏联第一种近距对地攻击机，1968年开始研制，1975年2月首飞，1981年正式投入批量生产，1984年形成全面作战能力。其结构简单，易于操作维护，适合在前线恶劣的战场环境中对己方陆军进行低空近距支援作战。该机是前苏联航空兵对地攻击武器中最有效的一种，曾经在阿富汗战争中大显身手。

翼尖小舱的后部可向上向下张开，形成减速板。
串列双座布局。
11

俄罗斯海军苏 –25UBT 舰载教练攻击机

改进型苏 –39 攻击机

21
502

俄罗斯米格-27战斗轰炸机

机身：圆锥形机首，略有下倾，背鳍较高，尾部下方有腹鳍。
机翼：悬臂式上单翼，下反角4°，可变后掠，有3个后掠角，分别为：起降和低速巡航时的16°、高速巡航时的45°和高速冲刺时的72°。
尾翼：全动式平尾，前缘后掠角57°，切角形单垂尾，垂尾前缘有较长的背鳍，起点位于机翼翼根位置。
进气口：D形进气口分布在机身两侧。
发动机：1台图曼斯基R-29B-300发动机，尾喷管周围有4片花瓣式减速板。

法 / 德“阿尔法”教练 / 攻击机

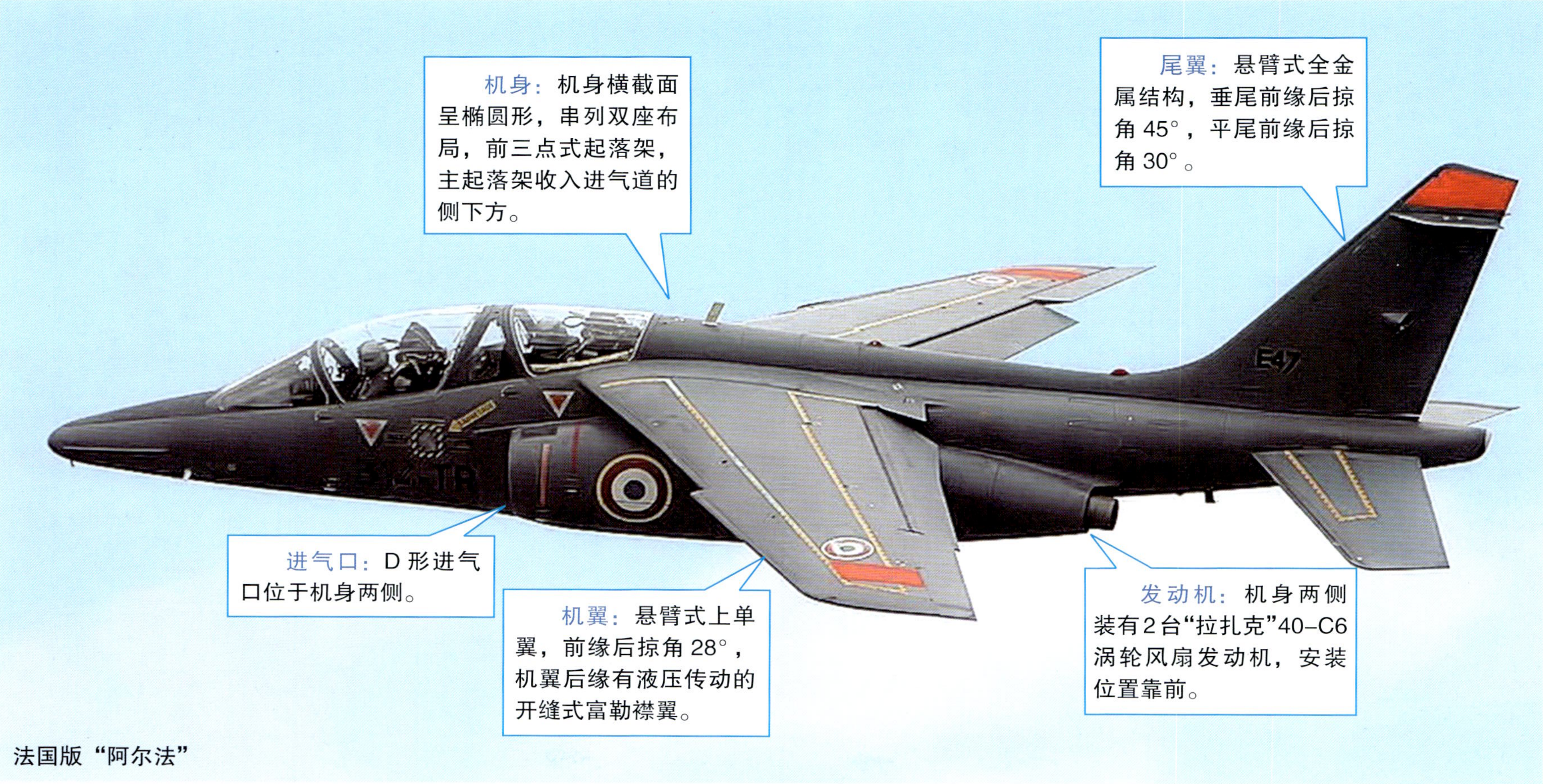
机身：机身横截面呈椭圆形，串列双座布局，前三点式起落架，主起落架收入进气道的侧下方。
尾翼：悬臂式全金属结构，垂尾前缘后掠角 45°，平尾前缘后掠角 30°。
进气口：D 形进气口位于机身两侧。
机翼：悬臂式上单翼，前缘后掠角 28°，机翼后缘有液压传动的开缝式富勒襟翼。
发动机：机身两侧装有2台“拉扎克”40–C6涡轮风扇发动机，安装位置靠前。

法国版“阿尔法”

“阿尔法”高级教练机由法国达索飞机制造公司和德国道尼尔公司联合研制，可作为轻型攻击机使用，共有 14 个国家装备有该机，总产量约 500 架。

德国版“阿尔法”，机首呈尖锥形，是其区别于其他版本的主要特征。
41✠09

德国版“阿尔法”

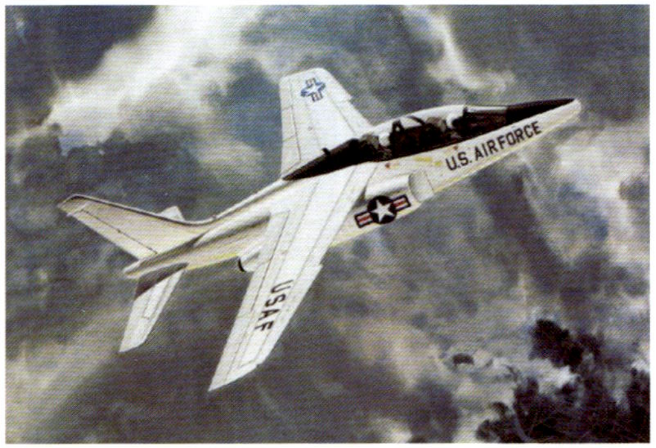
U.S. AIR FORCE
USAF

洛克希德公司空军版“阿尔法”

尼日利亚的“阿尔法”

韩国 T-50“金鹰”教练攻击机

机身：座舱为纵列双座设计，后座较前座高 50 厘米。
机舱整体构型设计以 F-16 战斗机为基础，但重量和尺寸分别为后者的 70% 和 80%，结构及次系统与 F-16 有 70% ~ 80% 的共通性。
发动机：1 台通用电气航空公司生产的 F404-GE-102 涡轮扇发动机。
T50A

T-50“金鹰” 教练机是韩国和美国合作，以洛克希德·马丁公司的 F-16 为基础研制的一款超音速攻击 / 高级教练机。由该教练机型衍生的战斗攻击机型号有 A-50 攻击机和 FA-50 轻型战斗机。

英/法“美洲虎”攻击机

机身：机身细长，发动机舱下部有外倾的两片腹鳍，在尾喷口之间有着陆拦阻钩，尾椎内有减速伞。单座为对地攻击型，双座为教练型。
尾翼：采用梯形垂尾，垂尾上安装雷达告警接收器，平尾是单片全动式，有 10° 下反角。
进气口：进气口在机身两侧，位置较高，进气口两侧有辅助进气门。
发动机：2 台阿杜尔 102 发动机，安装位置靠前。
机翼：传统上单翼布局，机翼后掠角 40°，下反角 3°，机翼外段前缘缝翼伸长，形成锯齿，在 1/4 弦长处设有纵向翼刀。

“美洲虎”是英法两国在 20 世纪 60 年代联合研制的双发多用途攻击战斗机，曾经在 15 个国家服役，多数已经退役，目前只有印度空军装备约 140 架。

各国（地区）主要攻击机/战斗轰炸机性能一览表

机型	最大起飞重量（千克）	机长（米）	机高（米）	翼展（米）	最大航程（千米）	最大飞行速度（千米 / 小时）
A-10	22680	16.26	4.47	17.53	4850	833
F/A-18	29938	18.31	4.88	13.62	3330	1915
F-5E	11200	14.45	4.08	8.13	3700	1700
F-4	28000	19.2	5	11.7	2600	2400
“鹞”式	8595/14061	14.12	3.55	9.25	2200	1085
AC-130	69750	29.8	11.7	40.4	2340	480
苏-34	45000	23.3	6.09	14.7	4500	2000
苏-25	19300	15.53	4.8	14.36	1000	975
米格-27	20670	17.08	5	13.97/7.78	2500	1885
阿尔法	7500	12.29	4.19	9.11	2940	1041
金鹰	11985	12.98	4.78	9.17	1851	1838
美洲虎	15700	16.83	4.89	8.68	3524	1699

第四章　轰炸机

轰炸机是一种主要用于从空中对地面或水上、水下目标进行轰炸的飞机，分为战略轰炸机和战术轰炸机。轰炸机具有突击力强、航程远、载弹量大等特点，是航空兵实施空中突击的主要机种。机载武器包括各种炸弹、空对地导弹、巡航导弹、鱼雷、航空机关炮等。其中战略轰炸机更是一个国家“三位一体”核打击力量的主要组成部分，是一种在很大程度上决定战争命运的“大杀器”，是一个国家科技水平、工业实力和经济实力的综合体现。

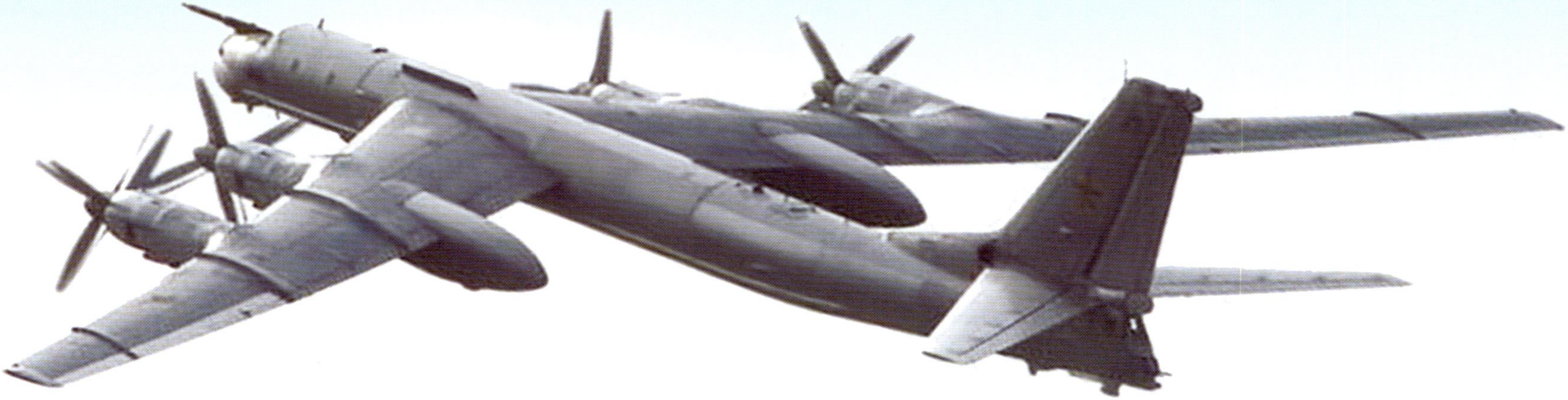

美国 B-52“同温层堡垒”轰炸机

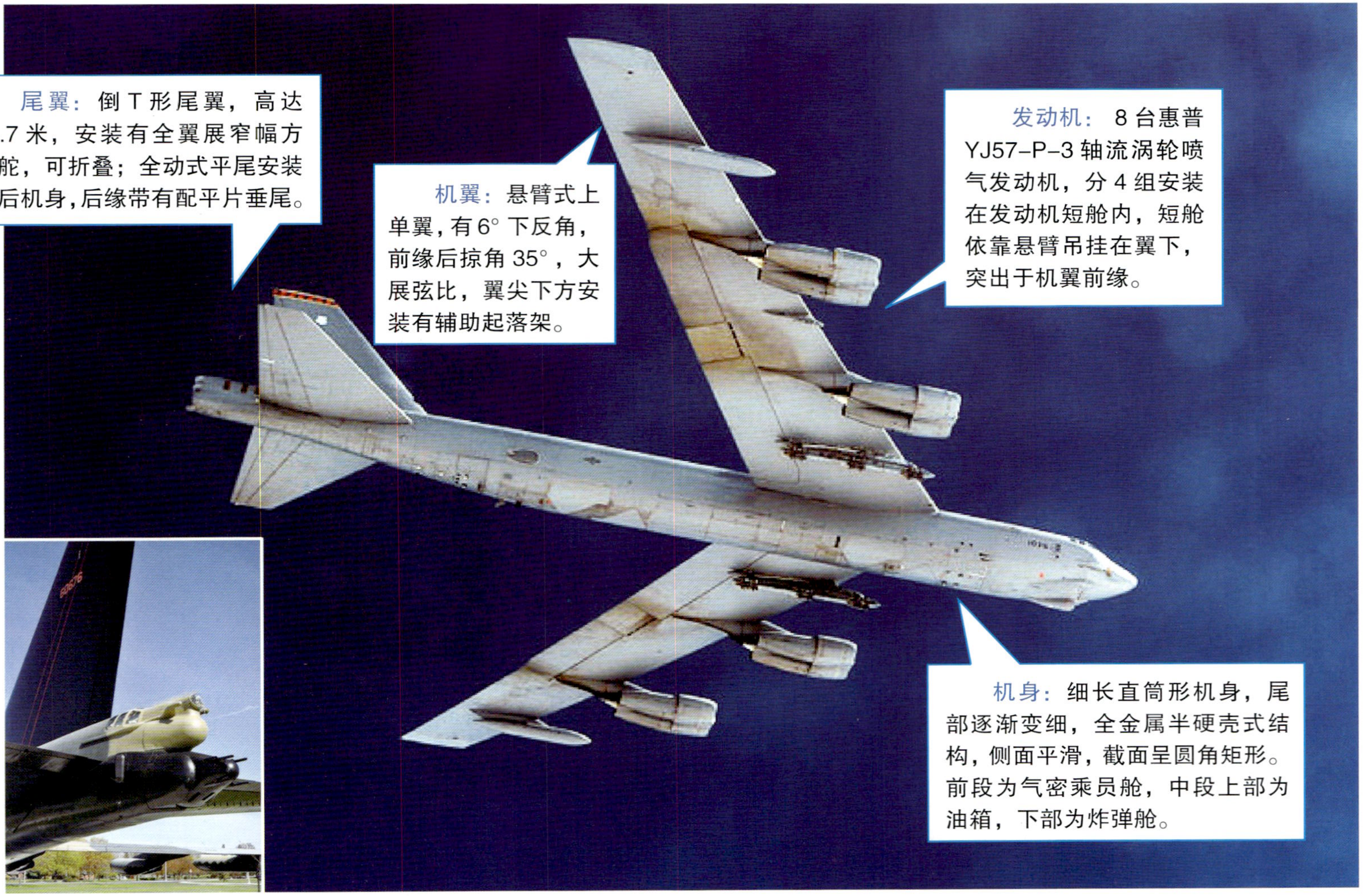
尾翼：倒 T 形尾翼，高达 14.7 米，安装有全翼展窄幅方向舵，可折叠；全动式平尾安装在后机身，后缘带有配平片垂尾。
机翼：悬臂式上单翼，有 6° 下反角，前缘后掠角 35°，大展弦比，翼尖下方安装有辅助起落架。
发动机：8 台惠普 YJ57–P–3 轴流涡轮喷气发动机，分 4 组安装在发动机短舱内，短舱依靠悬臂吊挂在翼下，突出于机翼前缘。
机身：细长直筒形机身，尾部逐渐变细，全金属半硬壳式结构，侧面平滑，截面呈圆角矩形。前段为气密乘员舱，中段上部为油箱，下部为炸弹舱。

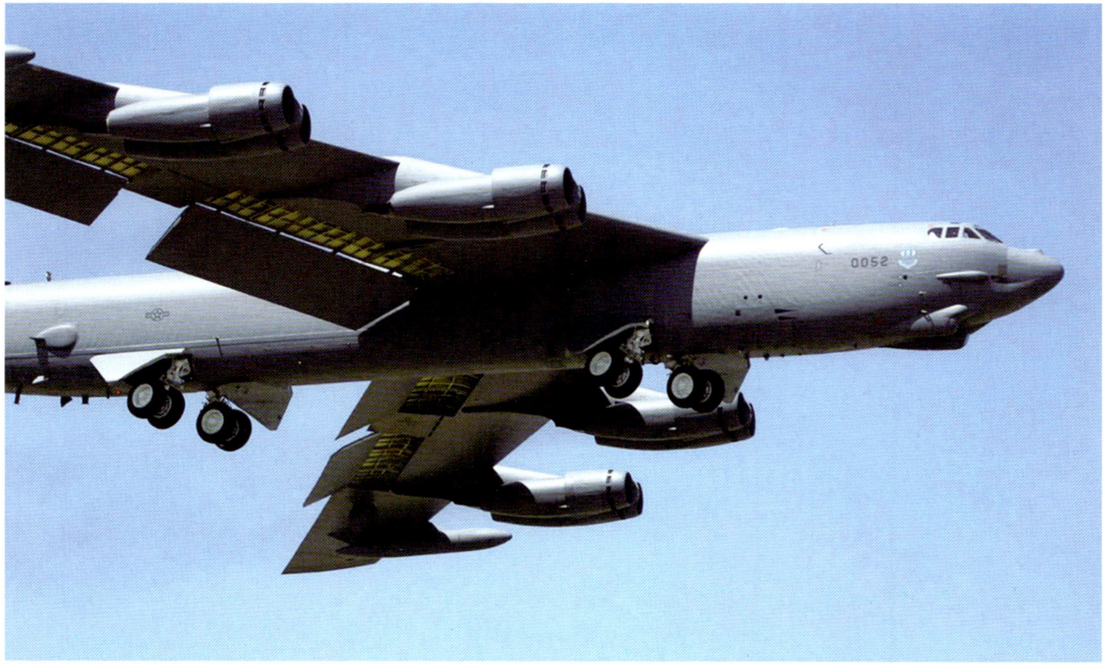

B-52 战略轰炸机是由美国波音公司研制的一型八发动机亚音速远程战略轰炸机。1948 年提出设计方案，1952 年第一架原型机首飞，1955 年批生产型开始交付使用，先后发展了 B-52A、B、C、D、E、F、G、H 等 8 种型别，1962 年停止生产。该型轰炸机总共生产了 744 架，现役 76 架，仍然是美国空军战略轰炸主力。美国空军预计让 B-52 服役至 2050 年，这使得该机服役时间高达 90 年。美军愿意让 B-52 继续服役的一个重要原因是 B-52 是美国战略轰炸机中可以发射巡航导弹的唯一型号。

美国 B-2“幽灵”隐身轰炸机

发动机：中央机身两侧安装 4 台 F118-GE-110 非加力涡扇发动机，扁平的锯齿状进气口布置在飞翼背部，且远离机翼前缘，尾喷管位于机翼后缘。
机身：飞翼结构，从正上方看像一个大尺寸的回旋镖。
机翼：机翼前缘与机翼后缘和另一侧的翼尖平行。翼尖切尖，平行于另侧机翼前缘，外翼段无锥度，为等弦长机翼。
减速板 – 方向舵

与传统的飞机不同，B-2 没有垂尾，由机翼外段后缘的减速板 – 方向舵负责偏航控制，减速板 – 方向舵可向上下两侧开裂，同时开裂时作为减速板使用，不对称开裂时作为方向舵使用。由于飞翼表面存在附面层，减速板 – 方向舵至少要开裂 5° 以上才能起作用。在正常飞行中，两侧的减速板 – 方向舵都处于 5° 的张开位置，需要进行控制时立即发挥作用，这也是我们看到的 B-2 飞行照片中减速板 – 方向舵都是张开的原因。张开的减速板 – 方向舵会影响飞机的隐身效果，所以 B-2 在抵达战区时，减速板 – 方向舵会完全闭合。

B-2 是当今世界上唯一一种隐身战略轰炸机，其最主要的特点就是低可侦测性，即俗称的隐身能力，能够使它安全地穿过严密的防空系统，进行攻击。B-2 的隐身性能并非仅局限于雷达侦测层面，也包括降低红外线、可见光与噪音等不同讯号，使被侦测与锁定的可能性降到最低。B-2 在空中加油一次，航程可达 1.8 万千米，每次执行任务的空中飞行时间一般不少于 10 小时，美国空军称其具有“全球到达”和“全球摧毁”能力。

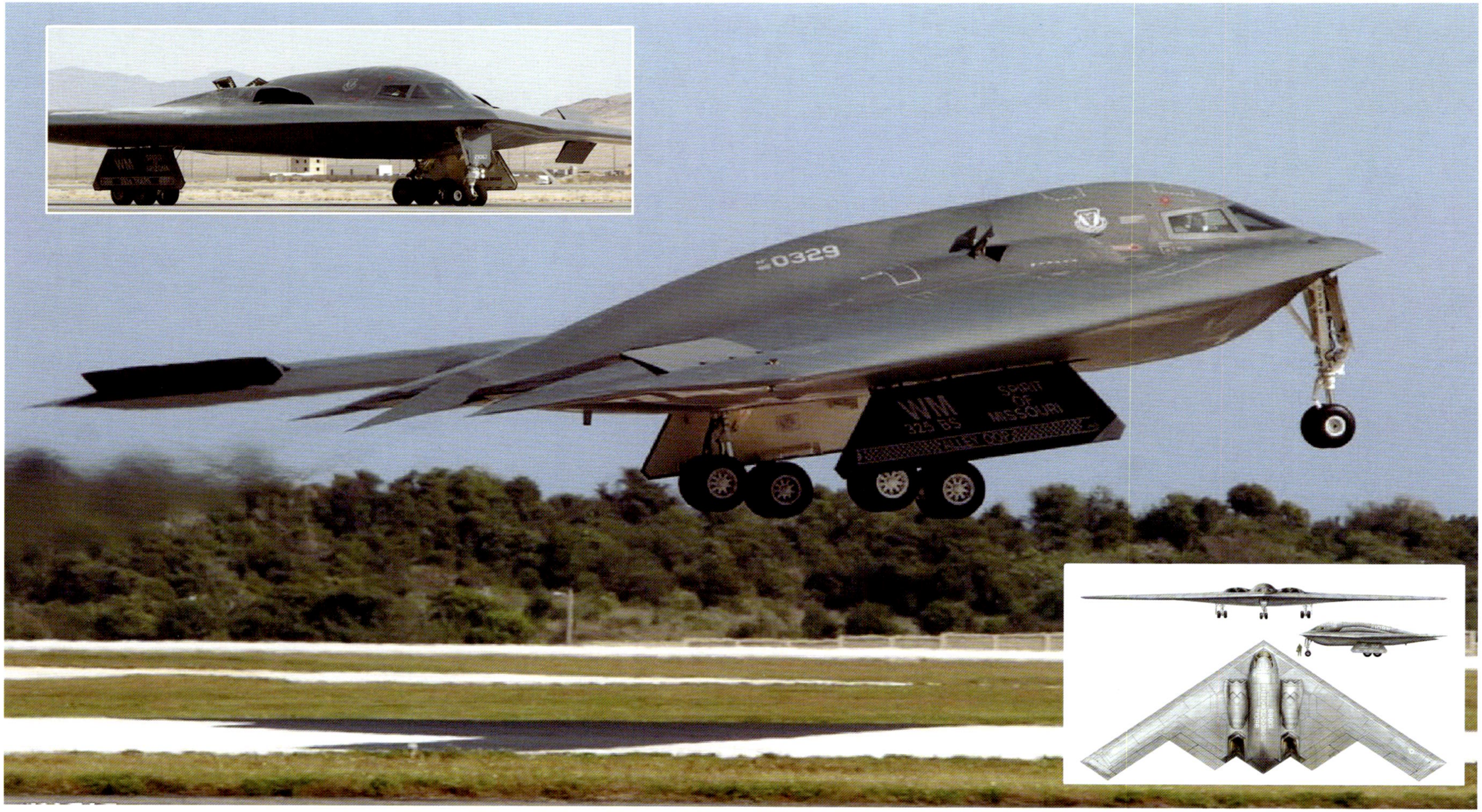

美国 B-1B“枪骑兵”战略轰炸机

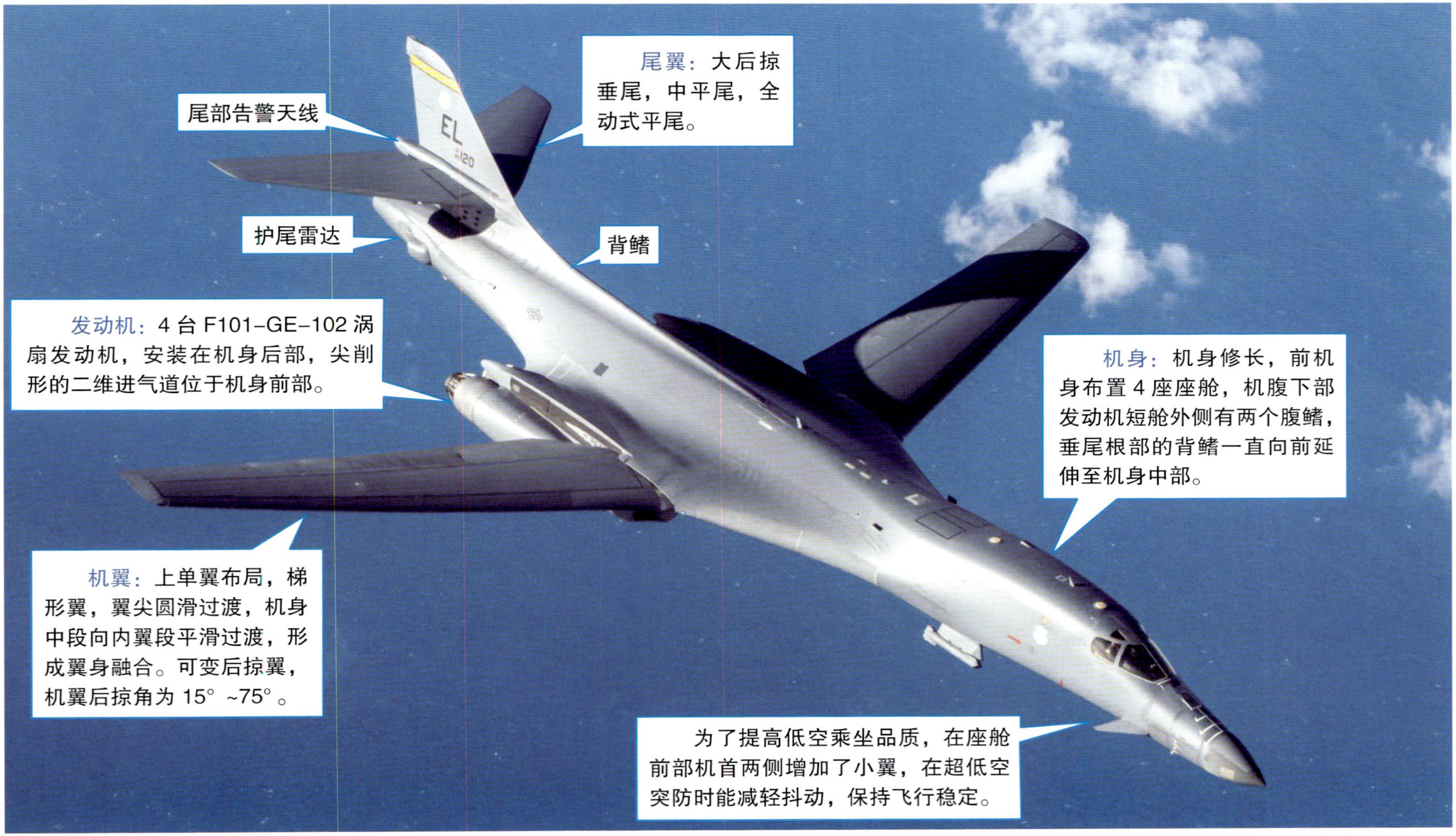
尾部告警天线
尾翼：大后掠垂尾，中平尾，全动式平尾。
护尾雷达
背鳍
发动机：4 台 F101-GE-102 涡扇发动机，安装在机身后部，尖削形的二维进气道位于机身前部。
机身：机身修长，前机身布置 4 座座舱，机腹下部发动机短舱外侧有两个腹鳍，垂尾根部的背鳍一直向前延伸至机身中部。
机翼：上单翼布局，梯形翼，翼尖圆滑过渡，机身中段向内翼段平滑过渡，形成翼身融合。可变后掠翼，机翼后掠角为 15°~75°。
为了提高低空乘坐品质，在座舱前部机首两侧增加了小翼，在超低空突防时能减轻抖动，保持飞行稳定。

B-1“枪骑兵”战略轰炸机是由北美飞机公司研制的一型超音速可变后掠翼远程战略轰炸机，于20个世纪70年代开始研制。1974年B-1A原型机首飞，1977年6月30日卡特总统宣布中止B-1A轰炸机的生产计划。1981年，里根总统上台后，美军恢复订购，新机型命名为B-1B。1984年10月18日首飞，1986年首架B-1B投入现役，目前仍有79架在服役。该机是世界上有效载弹量最大的轰炸机。

B-1B最大的特点就是可变后掠翼布局、翼身融合技术。机身和机翼之间没有明显的交接线，极大减少了阻力并增加升力；起飞时，可变后掠翼在最小后掠角位置，以获得最大升力，高速飞行时，收回到最大后掠角状态，以减少阻力，提高飞行速度。

俄罗斯图 -160“海盗旗”轰炸机

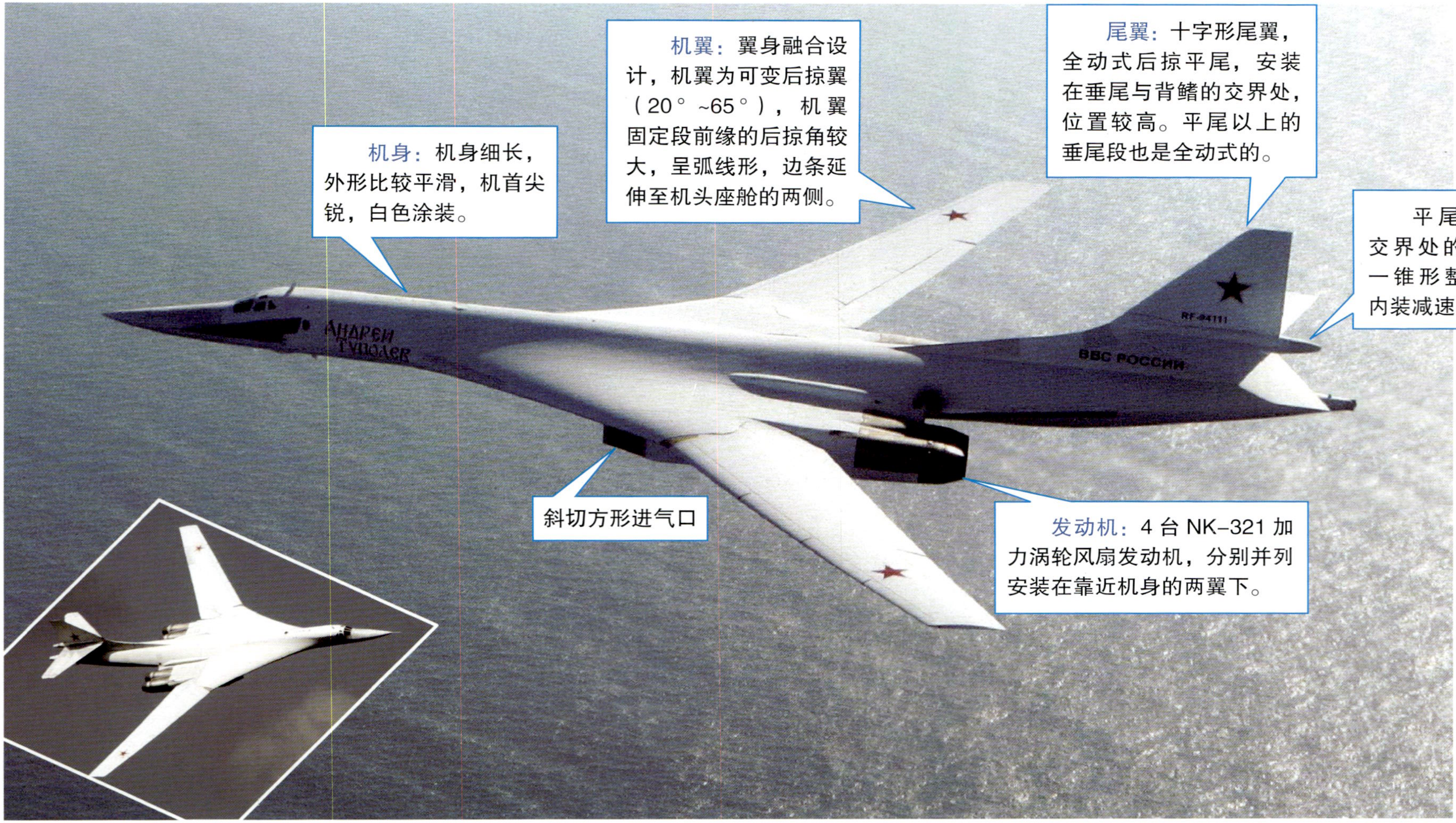
机身：机身细长，外形比较平滑，机首尖锐，白色涂装。
机翼：翼身融合设计，机翼为可变后掠翼（20°~65°），机翼固定段前缘的后掠角较大，呈弧线形，边条延伸至机头座舱的两侧。
尾翼：十字形尾翼，全动式后掠平尾，安装在垂尾与背鳍的交界处，位置较高。平尾以上的垂尾段也是全动式的。
平尾与垂尾交界处的后部有一锥形整流罩，内装减速伞。
斜切方形进气口
发动机：4 台 NK-321 加力涡轮风扇发动机，分别并列安装在靠近机身的两翼下。
ВВС РОССИИ

图 –160“海盗旗”轰炸机是前苏联图波列夫设计局（现为俄罗斯联合航空制造集团）研制的一型超音速变后掠翼远程战略轰炸机，1981 年 12 月首次试飞，1987 年 5 月开始服役，1988 年形成初始作战能力，凭借优雅的外形和白色涂装被赋予“白天鹅”的美称。该机是目前世界上最大的轰炸机，突防方式有高空亚音速巡航 / 超音速冲刺（高度 18300 米，M2.0）和低空超音速突防（低空突防速度 960 千米 / 时）两种，高空可发射远程巡航导弹，实施防区外打击，担任压制任务时，可以发射短距离导弹。

图 –160 外形与美国的 B–1B 战略轰炸机十分相似，也采用翼身融合技术和可变后掠翼，但体型比美国的 B–1B 大将近 35%，速度快 80%，航程也多出近 45%。

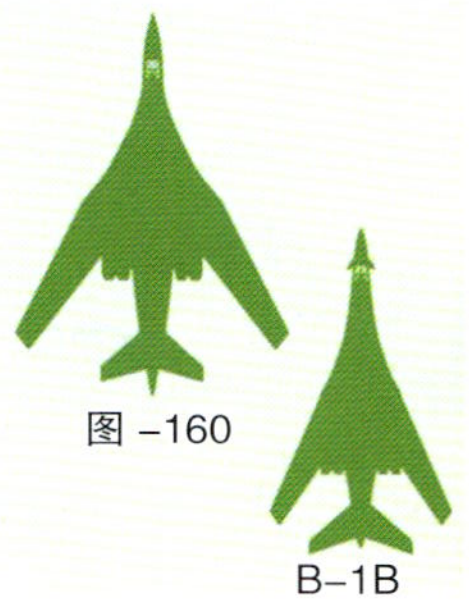

俄罗斯图 -22M“逆火”轰炸机

机翼：悬臂式中单翼，有下反角，可变后掠翼设计，有 4 个后掠角度（20°、30°、50°、60°），外翼表面有翼刀。
机身：细长的全金属半硬壳式机身结构，侧面平滑，截面呈圆角矩形。前段为气密成员舱，中段上部为油箱，下部为炸弹舱，后段逐步变细。
尾翼：单垂尾低水平尾翼布局，垂尾有较大后掠角。
发动机：2 台 NK-22 型涡扇发动机，安装在平尾上方、垂尾根部两侧，斜切方形进气口，进气道内装有分流板。

图 -22M“逆火”轰炸机是前苏联图波列夫设计局（现俄罗斯联合航空制造集团）研发的战略轰炸机，1967 年开始设计方案，1969 年 8 月完成试飞，1972 年开始服役，总产量为 497 架。该机最大的特色是变后掠翼设计，低单翼外段的后掠角可在 20° ~60° 之间调整，垂尾前方有长长的脊面，尾部设有 1 个雷达控制的自卫炮塔，装备 1 门 23 毫米双管炮。除机炮外，图 -22M 还可挂载 21 吨的炸弹和导弹。

图 -22M 的前身图 -22，前苏联第一种超音速轰炸机

俄罗斯图 –95“熊”式轰炸机

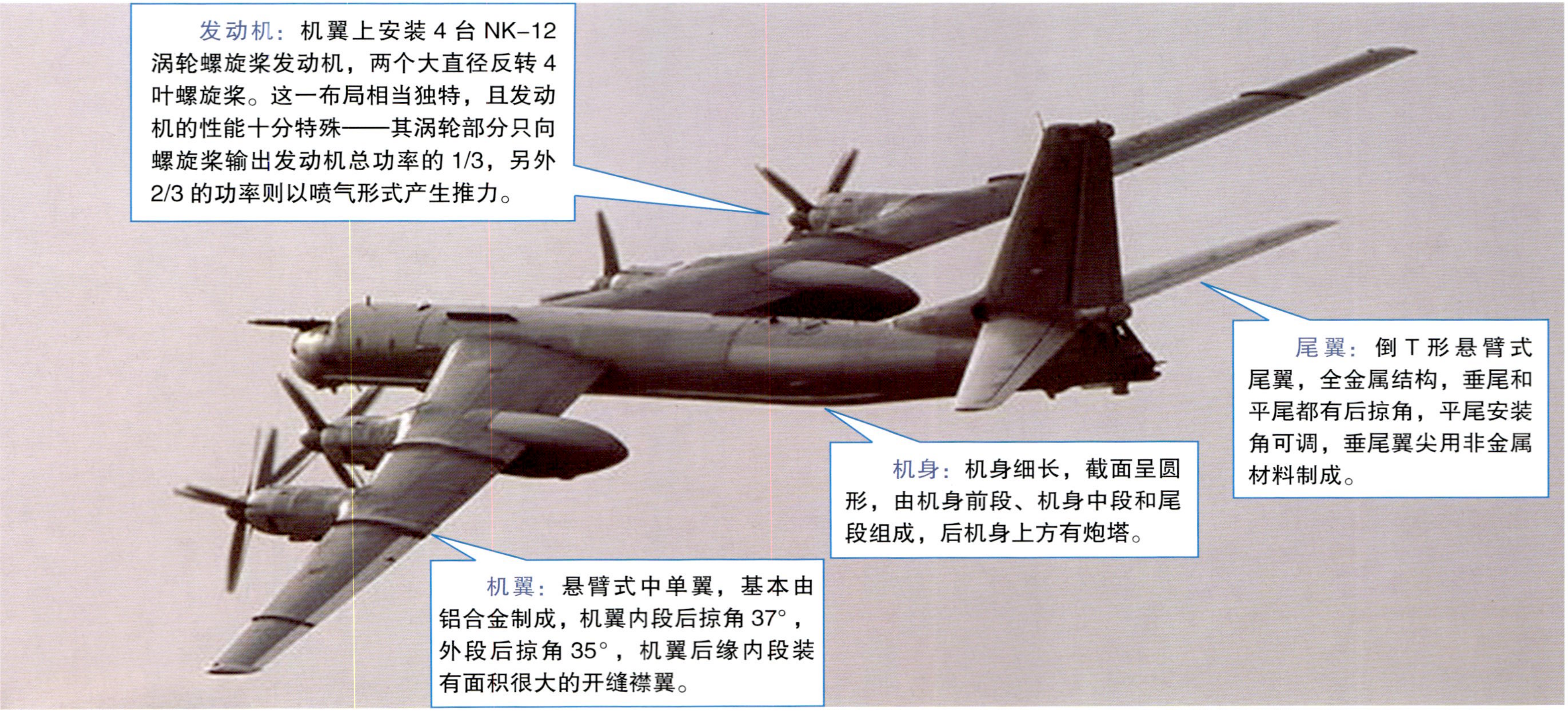
发动机：机翼上安装 4 台 NK–12 涡轮螺旋桨发动机，两个大直径反转 4 叶螺旋桨。这一布局相当独特，且发动机的性能十分特殊——其涡轮部分只向螺旋桨输出发动机总功率的 1/3，另外 2/3 的功率则以喷气形式产生推力。
尾翼：倒 T 形悬臂式尾翼，全金属结构，垂尾和平尾都有后掠角，平尾安装角可调，垂尾翼尖用非金属材料制成。
机身：机身细长，截面呈圆形，由机身前段、机身中段和尾段组成，后机身上方有炮塔。
机翼：悬臂式中单翼，基本由铝合金制成，机翼内段后掠角 37°，外段后掠角 35°，机翼后缘内段装有面积很大的开缝襟翼。

图 –95 轰炸机是前苏联图波列夫设计局研制的一型远程战略轰炸机，1952 年 11 月首飞，1956 年服役，20 世纪 80 年代中期进行了大改，总产量约 500 架。图 –95 除用作战略轰炸机之外，还可以执行电子侦察、照相侦察、海上巡逻反潜和通信中继等任务。该机是目前世界上唯一仍在服役的大型四涡轮螺旋桨战略轰炸机，约有 150 架图 –95M/K/MS 仍在服役，预计服役至 2040 年。

各国（地区）主要轰炸机性能一览表

机型	最大起飞重量（千克）	机长（米）	机高（米）	翼展（米）	最大航程（千米）	最大飞行速度（千米/小时）	升限（米）	最大载荷（千克）
B-52	220000	48.5	12.4	56.4	16232	1000	15000	31500
B-2	170600	21	5.18	52.4	11100	1164	15200	23000
B-1B	216400	44.5	10.4	41.8/24	12000	1530	18000	34000
图-22M	126000	42.5	11.05	34.28/23.3	12000	2818	18000	24000
图-160	275000	54.1	13.2	55.7/35.6	12300	2200	21000	45000
图-95	188000	46.7	12.12	50	15000	870	13400	12000

第五章　军用运输机

军用运输机是指用于空运兵员、装备、物资，以及空投、空降的飞机。军用运输机具有较大的载重量和续航能力，能实施空运、空降、空投，保障地面部队从空中实施快速机动。按运输能力，军用运输机可分为战略运输机和战术运输机。战略运输机航程远，载弹量大，主要用来载运大量兵员和各种重型装备到作战前线，实施大范围快速机动，确保部队战略机动和战术投送的规模化、快捷性和突然性。战术运输机用于战役战术范围内执行空运任务，大多具有短距起落性能，能在简易机场起落。大型军用运输机用途广泛，还可以作为预警机、加油机、电子战飞机、海上巡逻机等支援机型的改装平台。

美国 C-130“大力神”运输机

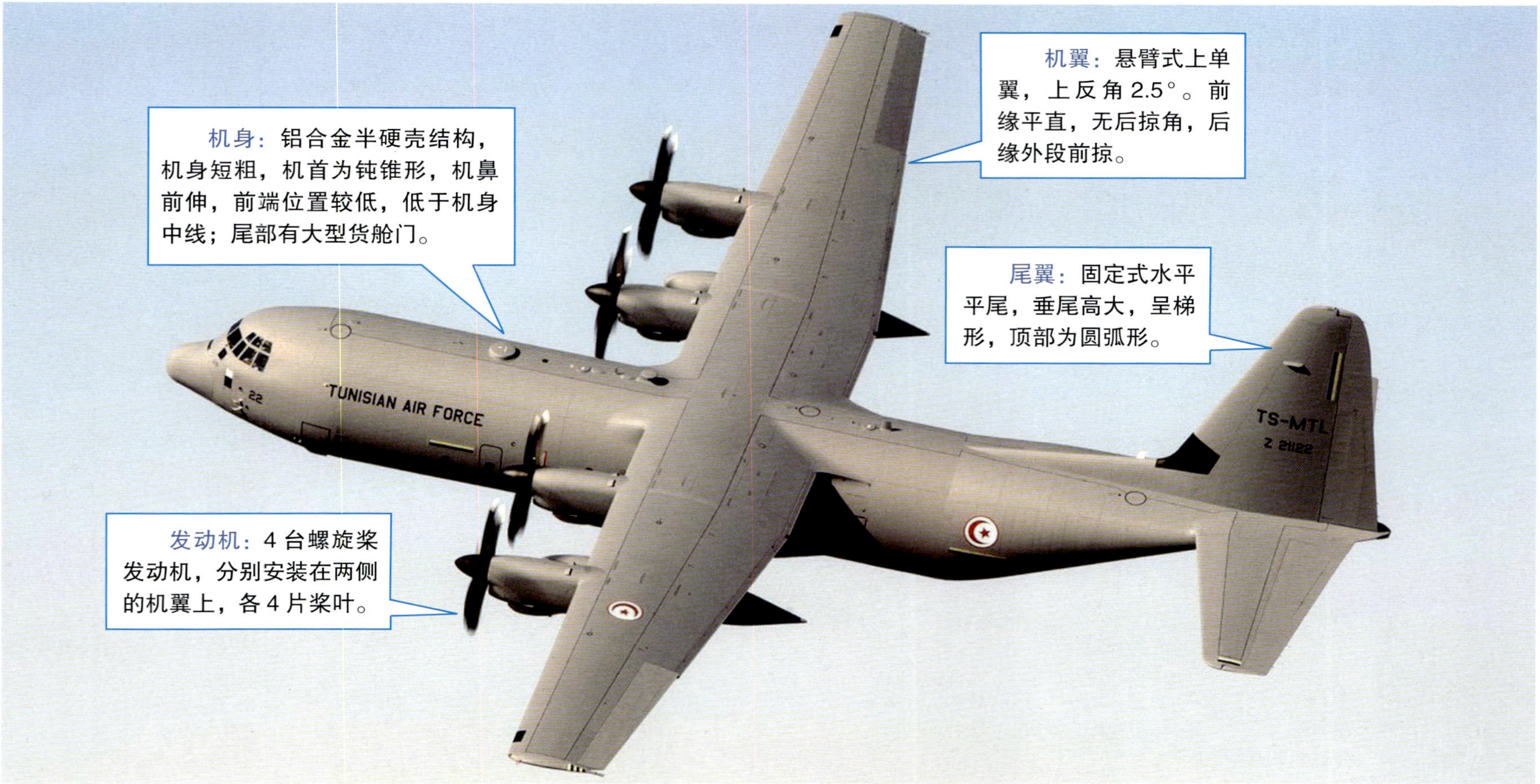
机身：铝合金半硬壳结构，机身短粗，机首为钝锥形，机鼻前伸，前端位置较低，低于机身中线；尾部有大型货舱门。
机翼：悬臂式上单翼，上反角 2.5°。前缘平直，无后掠角，后缘外段前掠。
尾翼：固定式水平平尾，垂尾高大，呈梯形，顶部为圆弧形。
发动机：4 台螺旋桨发动机，分别安装在两侧的机翼上，各 4 片桨叶。
TUNISIAN AIR FORCE
TS-MTL
Z 21122

C-130“大力神”是由美国洛克希德公司（现洛克希德·马丁公司）在 20 世纪 50 年代研制的一型多用途战术运输机，采用上单翼、四发动机、尾部大型货舱门的机身布局。这一布局奠定了二战后中型运输机的设计“标准”。

C-130是世界上设计最成功、使用时间最长、服役国家最多的运输机之一，1954年8月23日首飞，1956年12月交付美国空军，至今已服役60余年，有70多个国家和地区使用，总生产数量逾2300架，各种任务改型近40种。

最新改型C-130J“超级大力神”采用了6叶螺旋桨。

美国 C-17“环球霸王”运输机

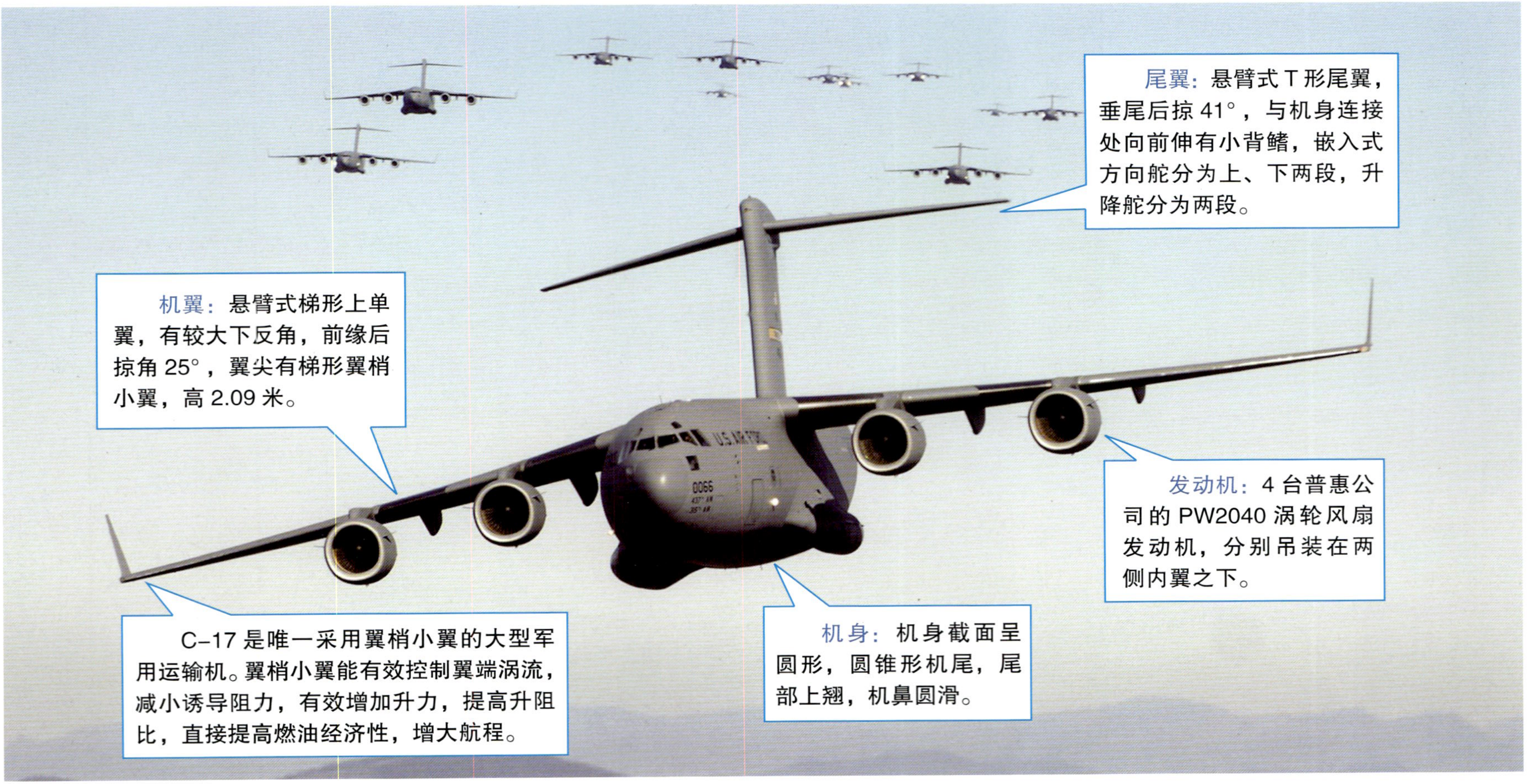
尾翼：悬臂式 T 形尾翼，垂尾后掠 41°，与机身连接处向前伸有小背鳍，嵌入式方向舵分为上、下两段，升降舵分为两段。
机翼：悬臂式梯形上单翼，有较大下反角，前缘后掠角 25°，翼尖有梯形翼梢小翼，高 2.09 米。
发动机：4 台普惠公司的 PW2040 涡轮风扇发动机，分别吊装在两侧内翼之下。
C-17 是唯一采用翼梢小翼的大型军用运输机。翼梢小翼能有效控制翼端涡流，减小诱导阻力，有效增加升力，提高升阻比，直接提高燃油经济性，增大航程。
机身：机身截面呈圆形，圆锥形机尾，尾部上翘，机鼻圆滑。

在大型运输机中，T 形尾翼布局比较常见。高置 T 形尾翼布局的优点和缺点都很明显。T 型尾翼的优点是平尾的速度阻滞系数大，效率高，同时，平尾相当于垂尾的端板，也能使垂直尾翼的气动效率提高；缺点是使垂直尾翼的结构重量增加。

C–17“环球霸王”是波音公司为美国空军研制生产的一型大型战略战术运输机，是目前美国战略空军的绝对主力。它融战略和战术空运能力于一身，是当今世界上唯一可以同时适应战略、战术任务的运输机，具有优异的短距起降能力，可把战略物资、人员直接运抵前线简易机场，也可运送主战坦克 / 步兵战车等大型主战装备。其优异性能大大提高了美军全球空运调动部队的能力。该型机 1991 年 9 月 15 日首飞，1992 年开始交付，2014 年正式停产，共交付 259 架。

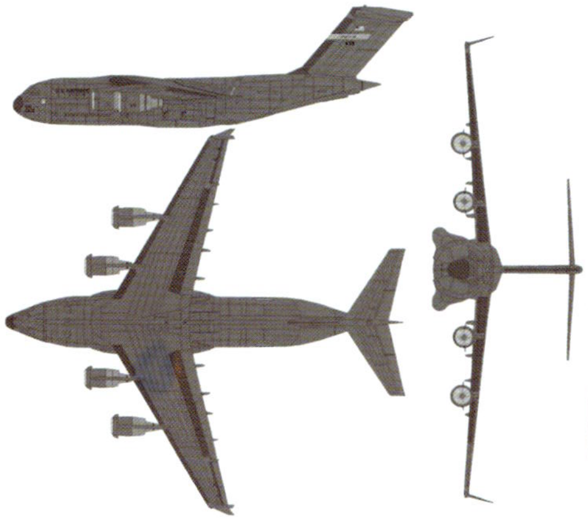

美国 C-5“银河”运输机

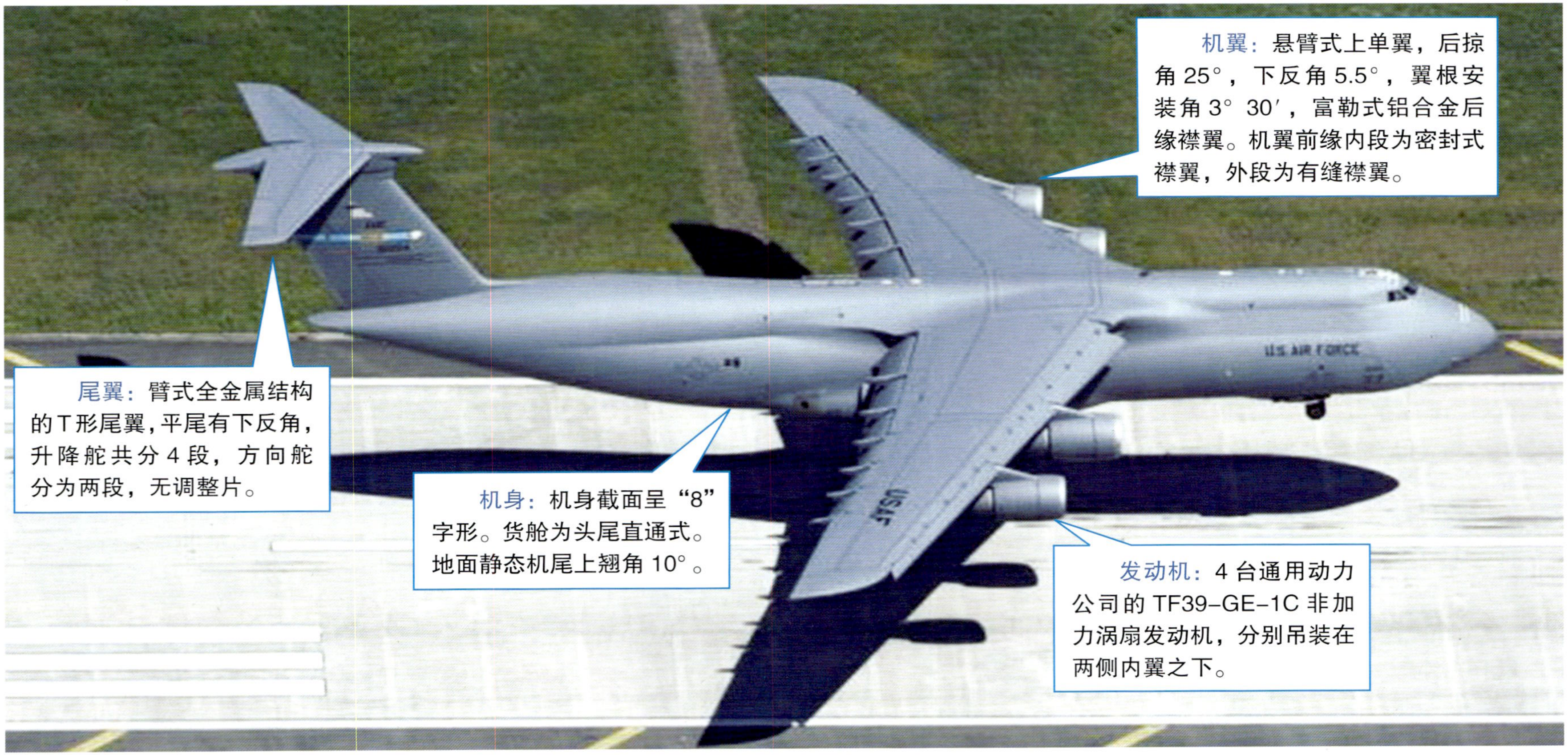
机翼：悬臂式上单翼，后掠角 25°，下反角 5.5°，翼根安装角 3° 30′，富勒式铝合金后缘襟翼。机翼前缘内段为密封式襟翼，外段为有缝襟翼。
U.S. AIR FORCE
USAF
尾翼：臂式全金属结构的T形尾翼，平尾有下反角，升降舵共分 4 段，方向舵分为两段，无调整片。
机身：机身截面呈“8”字形。货舱为头尾直通式。地面静态机尾上翘角 10°。
发动机：4 台通用动力公司的 TF39-GE-1C 非加力涡扇发动机，分别吊装在两侧内翼之下。

C-5 是美国空军现役最大的战略运输机，能够在全球范围内运载超大规格的货物，并能在相对较短的距离进行起飞和降落。地面工作人员可以同时在 C-5 的前后舱门进行装载和卸载。它可以随时满载全副武装的战斗部队（包括主战坦克）到达全球任何地方，为战斗中的部队提供野外支援。C-5 是第一种安装空中受油管的运输机，能在世界各地不着陆飞行。

为了装卸各型军事货物，C–5 运输机的机头罩和后舱门都可以打开，货舱两端都安装有综合滚装坡道，每端全宽度供行驶的坡道可同时装载两排车辆。

C–5 可以装载 2 辆 M1 型坦克，16 辆 3 吨卡车，6 架 AH–64“阿帕奇”武装直升机，10 枚“潘兴”中程地对地导弹及发射车辆，36 个标准集装货板，甚至可以整体运输拆除机翼的 C–130 运输机。

欧洲 A400M 运输机

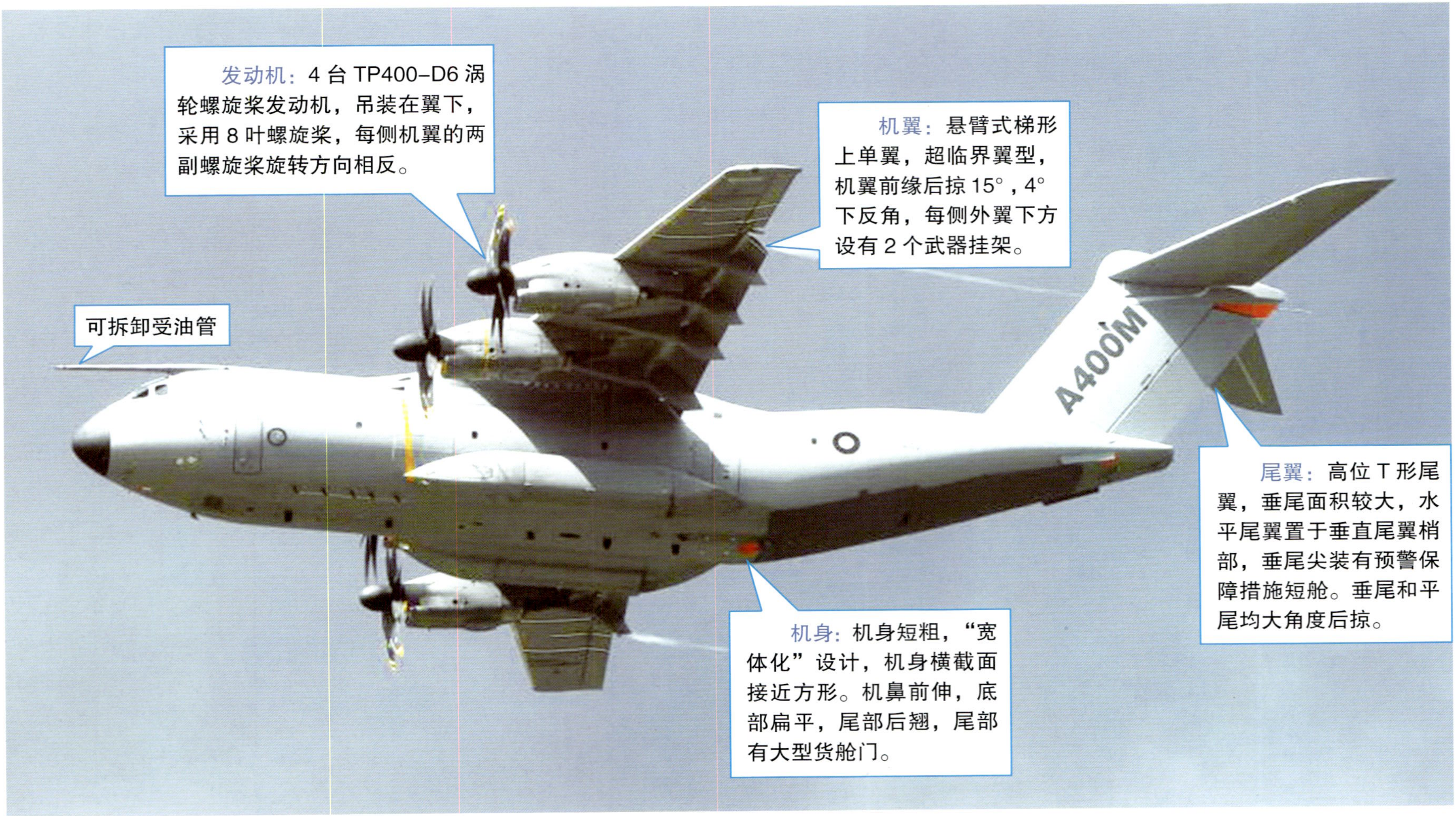
发动机：4 台 TP400-D6 涡轮螺旋桨发动机，吊装在翼下，采用 8 叶螺旋桨，每侧机翼的两副螺旋桨旋转方向相反。
机翼：悬臂式梯形上单翼，超临界翼型，机翼前缘后掠 15°，4° 下反角，每侧外翼下方设有 2 个武器挂架。
可拆卸受油管
A400M
尾翼：高位 T 形尾翼，垂尾面积较大，水平尾翼置于垂直尾翼梢部，垂尾尖装有预警保障措施短舱。垂尾和平尾均大角度后掠。
机身：机身短粗，“宽体化”设计，机身横截面接近方形。机鼻前伸，底部扁平，尾部后翘，尾部有大型货舱门。

货舱可容纳拆除旋翼的虎式直升机

A400M 是欧洲自行设计、研制和生产的新一代军用运输机，也是欧盟国家合作研发的最大武器项目，用于替换 C-130 运输机。A400M 开发计划自 1993 年启动，由空中客车公司负责设计，多家欧洲著名公司参加了研发工作。A400M 项目首创性地采用了“边设计边制造”和“首架即为量产型”的模式。其有效载荷大大超过现有的美制 C-160 和 C-130 大型运输机。

俄罗斯伊尔 -76 运输机

机身：机身截面基本呈圆形，机首呈尖锥形。机头最前部为安装有大量观察窗的领航舱，其下为圆形雷达天线罩，机舱后部装有两扇蚌壳式大型舱门。
机翼：悬臂式上单翼，前缘后掠角 25°，有 10 段前缘缝翼，后缘有两段三缝襟翼。
发动机：4 台 D-301M 涡扇发动机，分别吊装在两侧内翼之下。
尾翼：悬臂式全金属 T 形尾翼，平尾安装角可调，方向舵和每侧升降舵上都有调整片。
ИЛ-76МД-90А
78650

伊尔 -76 是前苏联伊留申设计局研制的一型四发大型军民两用战略运输机，1971 年首飞，随后成为前苏联空军的主力货运机型。伊尔 -76 是世界上第一款适应野战机场简陋起降条件的大型运输机，大幅简化了军事空运的中间环节。美国研制的 C-17 运输机在设计理念上也受到伊尔 -76 的启发。该机有多种改进型号，出口 30 多个国家，生产近 1000 架。

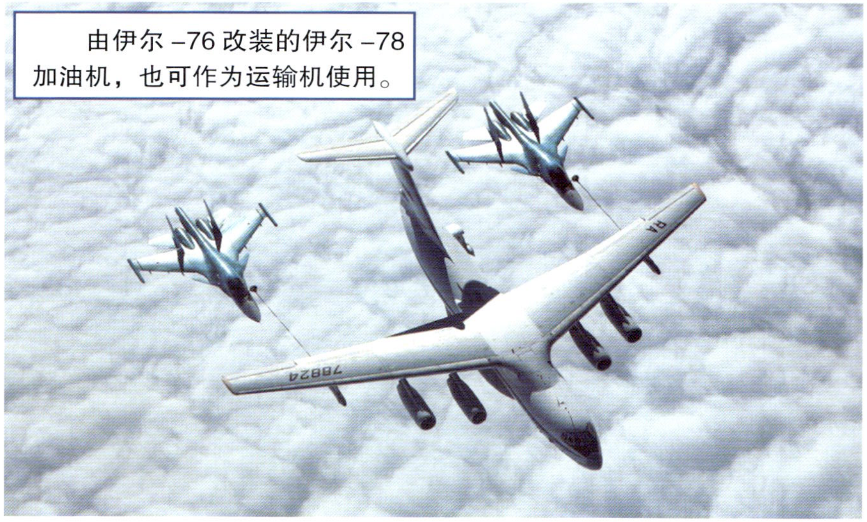

由伊尔 –76 改装的伊尔 –78 加油机，也可作为运输机使用。

俄罗斯 / 乌克兰安 -70 运输机

机翼：悬臂式上单翼布局，梯形机翼，中等后掠角，大展弦比，超临界翼型。

尾翼：水平尾翼、垂直尾翼均为梯形，中等后掠角，垂尾位置较高。

发动机：两侧机翼安装 4 台 D-27 涡轮螺旋桨风扇发动机，桨扇由两个互为反转的螺旋桨组成，前排有 8 个桨叶，后排有 6 个，桨叶呈半月形。

机身：机身截面呈圆形，比较宽大，货舱宽敞（宽 4 米），后货桥式大门。

安 -70 是由前苏联安东诺夫设计局设计制造的四引擎战术运输机，也是世界上载重最大的涡轮桨扇运输机。1991 年，苏联解体，安东诺夫设计局被划到乌克兰，后改名为乌克兰安东诺夫航空科学技术联合体。第一架安 -70 于 1994 年 11 月正式下线，同年 12 月 16 日首飞成功。

安 –70 总重达 47 吨，航程可达 8000 公里，载重能力与美国 C–141 运输机相近，速度 750 千米 / 小时 (接近螺旋桨驱动飞机的速度极限)，可执行各种高度的空投任务，能空投重达 20 吨的单件物品，也可以运载 300 名全副武装的士兵或 206 名伤病员。安 –70 能够空载在 200 米长的机场跑道上起降，还可以运载 20 吨重的有效载荷在 600 ～ 700 米长的野战跑道上起降。

安 –70 最独特而先进之处是它的 4 台 D–27 发动机和 CV–27 对转桨扇。桨扇发动机是界于螺旋桨发动机和涡轮风扇喷气发动机之间的一种新颖的高亚音速空气动力推进方式，其特点是通过喷气发动机驱动大翼面的多片桨叶，获得比传统螺旋桨或喷气发动机更好的推进性能，尤其在提高效率、节省燃油方面效果显著。单台 D–27 发动机功率为 10440 千瓦，结合双转子燃气发生器和 CV–27 双排桨扇组成先进的桨扇发动机。CV–27 桨扇直径 4.49 米，一台发动机上共有 14 叶桨扇，布局独特，分前后两组，前面一组 8 叶，后面一组 6 叶；两组桨叶工作时反转。桨叶气动外形独特，呈弯月状，类似于潜艇的大倾角桨叶，具有极高的推进效率。

俄罗斯安 -72/74 运输机

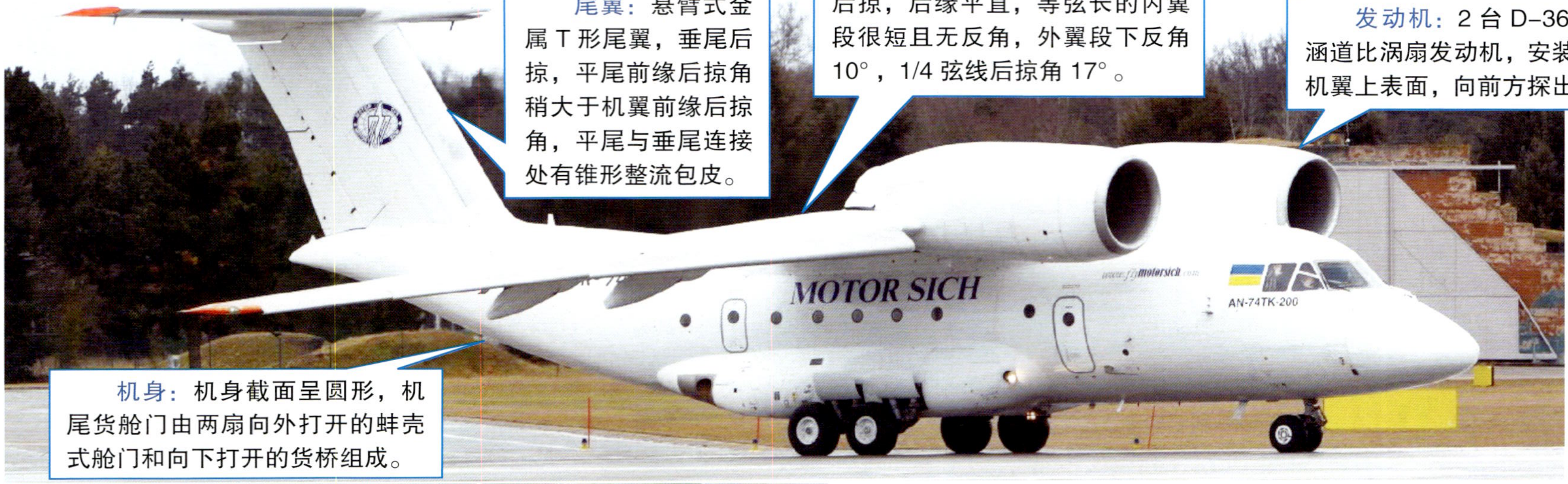
尾翼：悬臂式金属T形尾翼，垂尾后掠，平尾前缘后掠角稍大于机翼前缘后掠角，平尾与垂尾连接处有锥形整流包皮。
机翼：悬臂式上单翼，前缘后掠，后缘平直，等弦长的内翼段很短且无反角，外翼段下反角10°，1/4弦线后掠角17°。
发动机：2台D-36高涵道比涡扇发动机，安装在机翼上表面，向前方探出。
机身：机身截面呈圆形，机尾货舱门由两扇向外打开的蚌壳式舱门和向下打开的货桥组成。
MOTOR SICH
AN-74TK-200

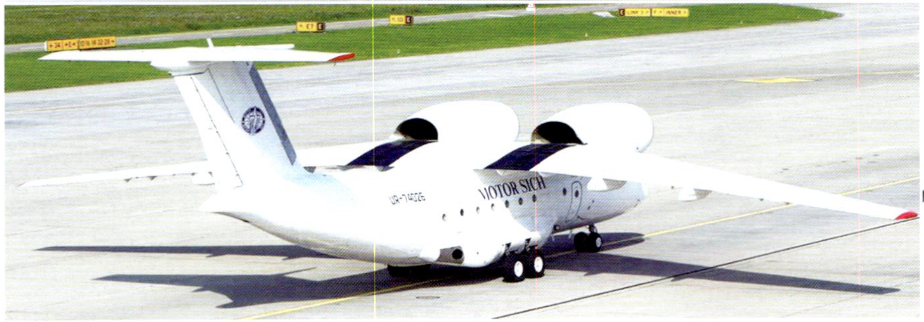
MOTOR SICH

安 -72 是安东诺夫航空科研技术联合体研制的一型双发短距起落运输机，1977 年 12 月 22 日首飞。设计单位一直对安 -72 进行试飞和改进，发展出安 -72A、安 -72AT 货运和安 -72S 行政等机型。该机后来又发展成新的中短程短距起落运输机——安 -74。

俄罗斯安-124“鲁斯兰”战略运输机

ANTONOV
UR 82009
机翼：悬臂式上单翼，大后掠角，有下反角，翼尖平滑过渡，翼展达 73.3 米。
发动机：翼下吊装 4 个发动机短舱，内装 D-18T 涡扇发动机。
尾翼：倒 T 形尾翼，垂尾和平尾均有大角度后掠。
机身：机身粗大，截面呈梨形，阶梯式座舱，机身尾部逐渐变细。机首、机尾均设有全尺寸货舱门，分别向上和向左右打开。

安-124“鲁斯兰”战略运输机由前苏联安东诺夫设计局设计，是目前世界上第二大运输机，采用和美国 C-5 运输机类似的设计，机头罩和后舱门都可以打开，能够完成超大型装备的空运任务，在性能上优于美国的 C-5 运输机。

1982年12月，安-124首飞，1986年1月交付使用，同年第五架原型机参加了英国范登堡国际航展，引起了国际轰动。

2015年11月27日，俄罗斯为了回应被土耳其击落苏-24战斗机事件，紧急向叙利亚部署S-400防空导弹系统。安-124运输机在其中发挥了关键性的作用，因为S-400地空导弹所使用的底盘为MAZ-7910轮式重型越野车，只能通过安-124来运输。

安 -225 战略运输机

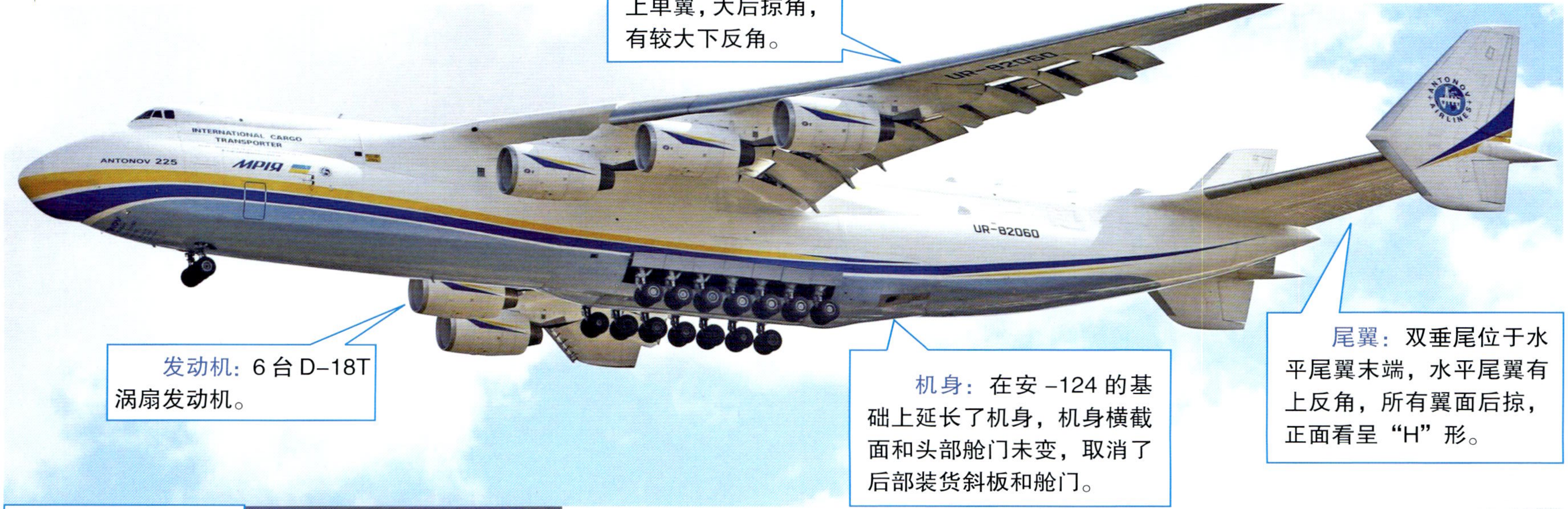

机翼：悬臂式上单翼，大后掠角，有较大下反角。

发动机：6 台 D-18T 涡扇发动机。

机身：在安 -124 的基础上延长了机身，机身横截面和头部舱门未变，取消了后部装货斜板和舱门。

尾翼：双垂尾位于水平尾翼末端，水平尾翼有上反角，所有翼面后掠，正面看呈“H”形。

可运载 105 吨重的暴风雪号航天飞机。

该机脊背上有空中载台，可驮载大型货物。

安 -225 是前苏联安东诺夫设计局在安 -124 的基础上研制的超大型军用运输机，最大起飞重量 640 吨，货舱最大载重 250 吨，机身顶部最大载重 200 吨，机长 84 米，翼展 88.4 米，是目前世界上最重、尺寸最大的飞机。该机仅生产 1 架，现归乌克兰所有。

西班牙 C295 战术运输机

机翼：悬臂式上单翼，前缘后掠，后缘前掠，整个机翼由中段和两个外翼段组成，外翼段上反角 3°，1/4 弦线后掠角 0°。
发动机：2 台普惠公司 PW127G 螺旋桨发动机，分别安装在两侧机翼上，6 叶螺旋桨。
尾翼：机尾扁平，悬臂式尾翼，包括后掠垂尾和静、动平衡方向舵，大型背鳍，两个小型腹鳍。
机身：机身戗面呈扁圆形，后机身后部上翘，机尾扁平，有装货斜板和尾椎，机身中部两侧有突出的整流罩，内装主起落架。
SAR

C295 运输机是西班牙航空制造公司在 C212、CN235 的基础上发展的轻型战术运输机，分为军用、民用、特种机（反潜巡逻、侦察）等多个系列，1997 年首飞，1999 年开始量产。该机出口葡萄牙、芬兰、巴西、越南等多个国家，是目前世界轻型运输机的主力之一。

C295
AIRBUS
C295

BABOO
7T-WGD
ALGERIAN AIR FORCE

042

美国 / 意大利 C-27J 战术运输机

发动机：2 台 AE－2100D3 涡轮螺旋桨发动机，分别安装在两侧机翼上，6 叶螺旋桨。
机身：圆形机身，直通货舱，机身后部上翘，机身中部两侧有突出的整流罩，内装主起落架。
机翼：悬臂式梯形上单翼，平直翼。
尾翼：倒 T 形尾翼，固定式平尾，垂尾高大，有较大后掠角，垂尾根部向前延伸为大型背鳍。
C-27J
SPARTAN
AleniaAeronautica

C-27J 战术运输机由美国洛克希德·马丁公司与意大利阿列尼亚航天公司基于 G-222 运输机共同合作研制，是当今少数针对中等规模任务设计的 10 吨级军用运输机，具备安全、稳定、快速反应能力，可执行多种任务，与最新型的 C-130J “大力士” 运输机具有极高的共通性，它们使用相同的推进与航电系统，具备相互操作能力。

各国（地区）主要运输机性能一览表

机型	最大起飞重量（千克）	机长（米）	机高（米）	翼展（米）	最大航程（千米）	最大飞行速度（千米/小时）	升限（米）	最大载荷（千克）
C-130	70300	29.8	11.6	40.4	3800	592	10060	19000
C-17	285750	53.04	16.79	51.81	11600	830	13700	77500
C-5	379000	75.54	19.85	67.88	5526	919	10895	129274
A400M	141000	43.8	14.6	42.4	9300	560	11300	37000
伊尔-76	195000	46.59	14.76	50.5	4300	900	12100	48000
安-70	132000	40.7	16.28	44.06	6600	780	12000	47000
安-72	34500	28.07	8.75	31.89	800	705	10700	10000
安-124	405000	69.10	20.78	73.3	5200	865	12000	150000
安-225	640000	84	18.1	88.4	15400	850	10000	250000
C295	23200	24.5	8.6	25.81	5400	576	7620	9500
C-27	30000	22.7	9.64	28.7	4560	580	——	9000

904
FUERZA AEREA DE CHILE

第六章　作战支援飞机

作战支援飞机主要包括预警机、侦察机、反潜巡逻机等。

预警机即空中指挥预警飞机，是指拥有整套远程警戒雷达系统，用于搜索、监视空中或海上目标，指挥并引导己方飞机执行作战任务的飞机。

侦察机是专门用于从空中进行侦察、获取情报的军用飞机，是现代战争中的主要侦察工具之一。

反潜巡逻机主要用于对潜艇进行搜索、攻击，与其他装备和兵力共同构成反潜警戒线，在己方舰艇航行的海区遂行反潜巡逻任务，引导其他反潜力量或自行对敌方潜艇实施攻击。

美国 E-2“鹰眼”预警机

机身：机身截面呈椭圆形，钝圆锥形机鼻，阶梯式座舱，机身背部有旋转式雷达整流罩。

发动机：2 台 T56-A-8 涡轮螺旋桨发动机，安装在两侧翼下。

机翼：全金属悬臂式上单翼，梯形机翼，外翼段可折叠到与机身侧面平行的位置。

尾翼：悬臂式四垂尾尾翼，垂尾后有三个双铰链式方向舵，平尾前缘后掠，有 11°上反角。

美国 E-3“望楼”预警机

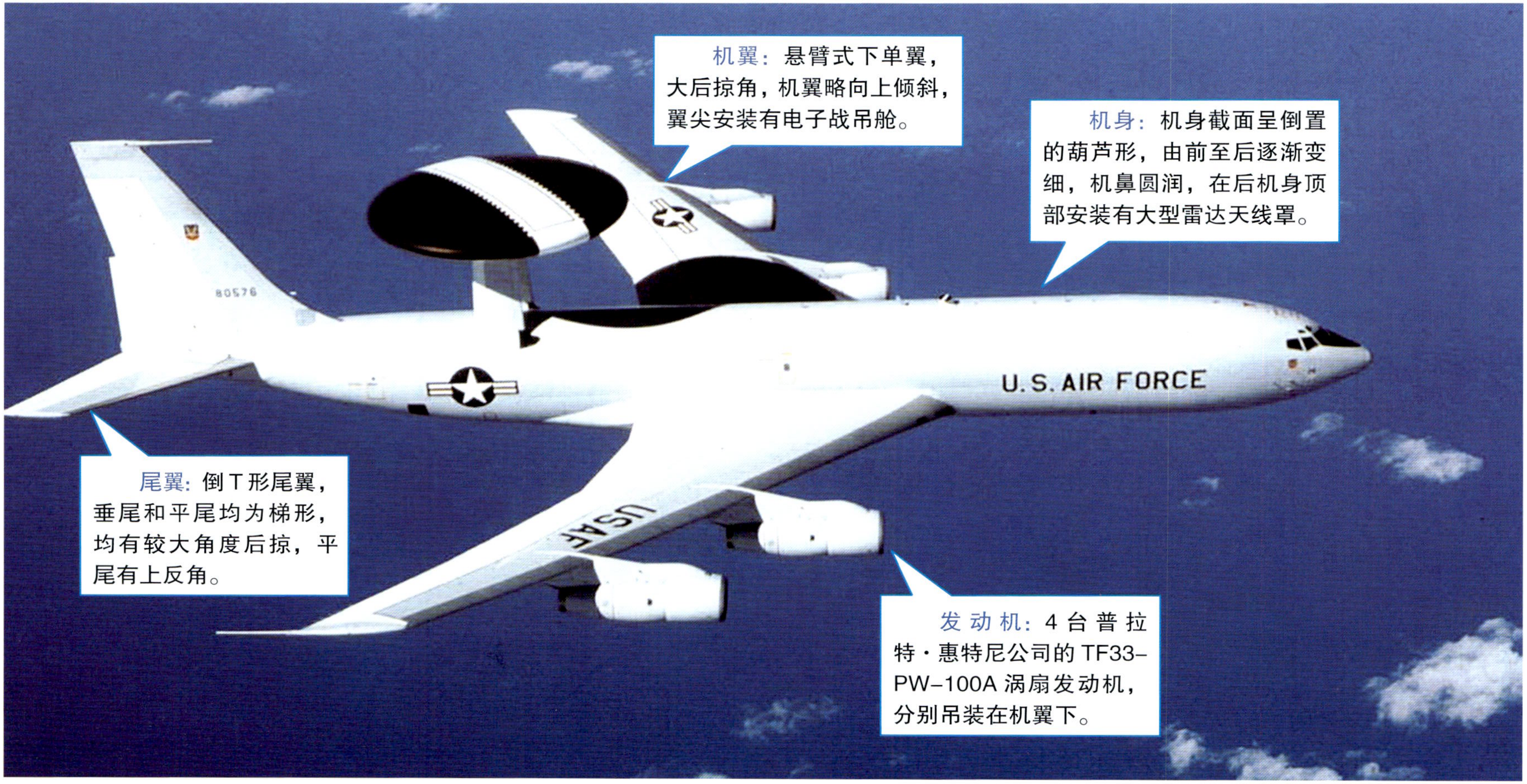
机翼：悬臂式下单翼，大后掠角，机翼略向上倾斜，翼尖安装有电子战吊舱。
机身：机身截面呈倒置的葫芦形，由前至后逐渐变细，机鼻圆润，在后机身顶部安装有大型雷达天线罩。
U.S. AIR FORCE
USAF
80576
尾翼：倒 T 形尾翼，垂尾和平尾均为梯形，均有较大角度后掠，平尾有上反角。
发动机：4 台普拉特·惠特尼公司的 TF33-PW-100A 涡扇发动机，分别吊装在机翼下。

E-3 预警机是美国波音公司根据美国空军“空中警戒和控制系统”计划研制的一型全天候远程空中预警和控制飞机，具有下视能力及在各种地形上空监视有人驾驶飞机和无人驾驶飞机的能力，原型为波音 707/320 客机。

澳大利亚 E-737“楔尾”预警机

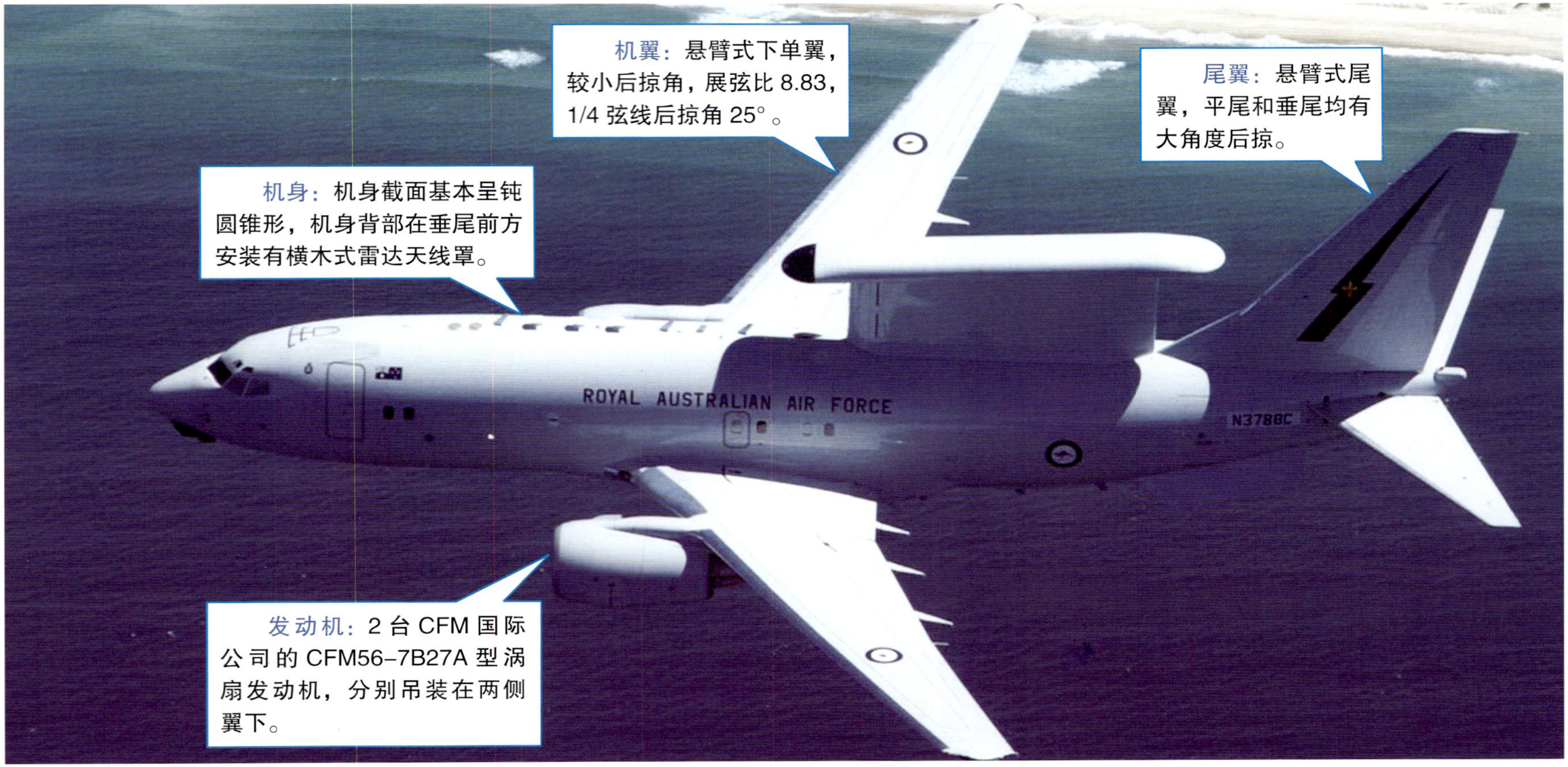
机翼：悬臂式下单翼，较小后掠角，展弦比 8.83，1/4 弦线后掠角 25°。
尾翼：悬臂式尾翼，平尾和垂尾均有大角度后掠。
机身：机身截面基本呈钝圆锥形，机身背部在垂尾前方安装有横木式雷达天线罩。
发动机：2 台 CFM 国际公司的 CFM56-7B27A 型涡扇发动机，分别吊装在两侧翼下。
ROYAL AUSTRALIAN AIR FORCE
N378BC

E-737 预警机是波音公司以波音 -737 客机为载机为澳大利亚研制的预警机。它采用洛克希德·马丁公司研制的主动相控阵预警雷达，在9000米高度飞行时探测距离达850千米。与传统机械转动预警雷达相比，E-737预警机的雷达实现了全空域覆盖，并可有效消除机身、机翼、机尾的遮挡和干扰。另外，E-737 使用固态相控阵雷达，空中阻力更小，节省燃料，滞空时间更长。

日本 E-767 预警机

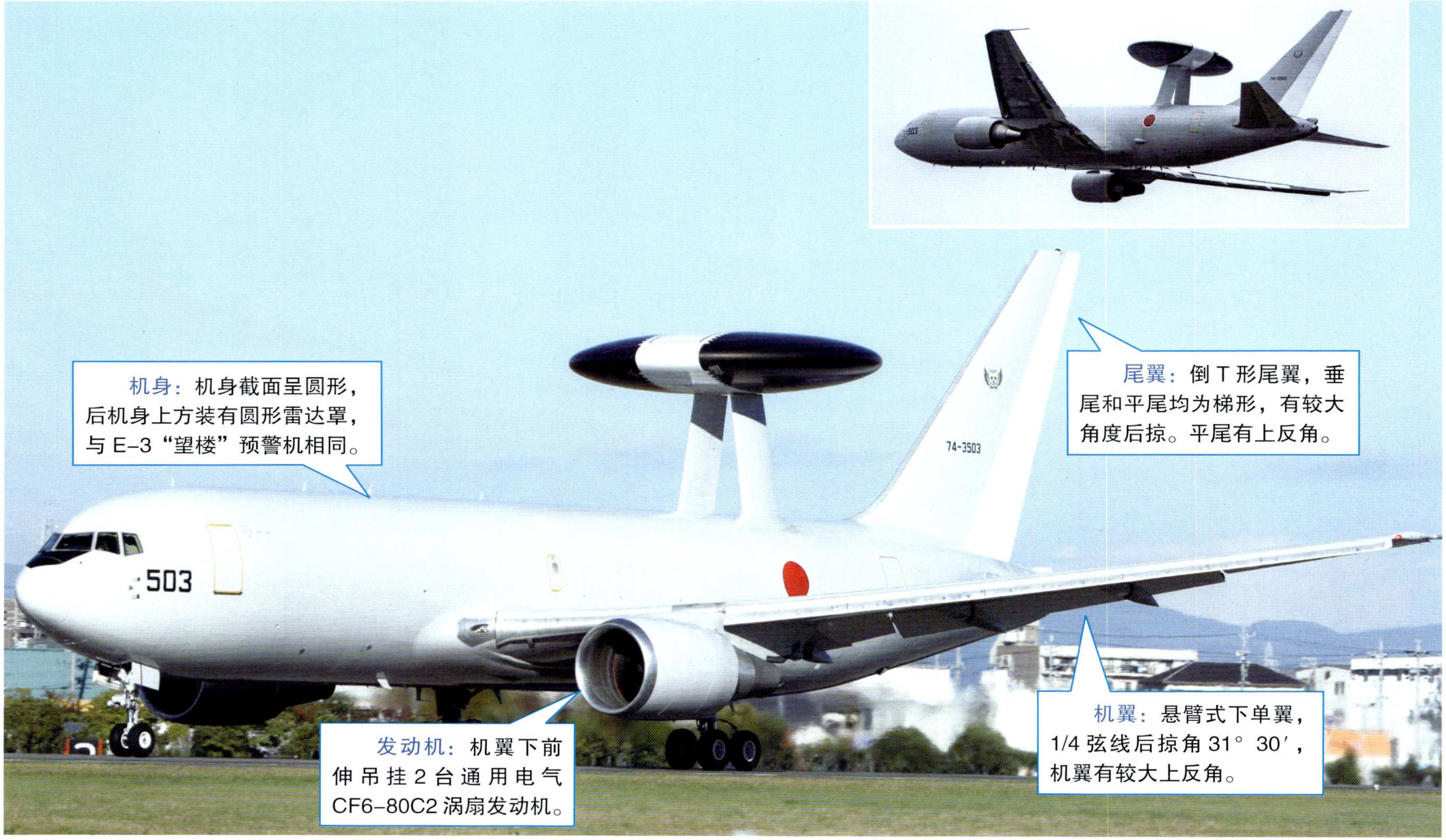

机身：机身截面呈圆形，后机身上方装有圆形雷达罩，与 E-3“望楼”预警机相同。

尾翼：倒 T 形尾翼，垂尾和平尾均为梯形，有较大角度后掠。平尾有上反角。

发动机：机翼下前伸吊挂 2 台通用电气 CF6-80C2 涡扇发动机。

机翼：悬臂式下单翼，1/4 弦线后掠角 31° 30′，机翼有较大上反角。

俄罗斯 A-50“支柱”预警机

机身：机身截面基本呈圆形，机首呈尖锥形，机首最前部为安装有大量观察窗的领航舱，机身背部有旋转式雷达整流罩。

尾翼：悬臂式全金属 T 形尾翼，平尾安装角可调，方向舵和每侧升降舵上都有调整片。

机翼：悬臂式上单翼，前缘后掠角 25°，有 10 段前缘缝翼，后缘有两段三缝襟翼。

发动机：4 台 D-30KP 涡扇发动机，分别吊装在两侧内翼之下。

以色列“费尔康”预警机

机翼：悬臂式下单翼，有较大后掠角。
机身：前机身两侧改装，增加了凸起的整流罩，内有雷达天线，机首和机尾也安装了天线阵列。
尾翼：倒T形尾翼，垂尾和平尾均有较大角度后掠，平尾有上反角。
发动机：4台发动机吊装在两侧机翼上。

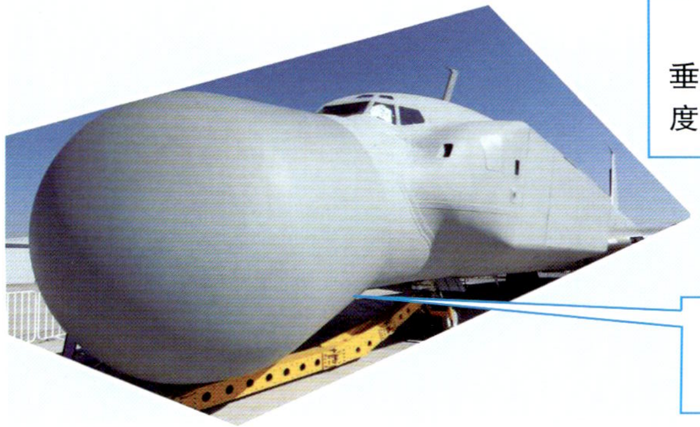
硕大的圆形机首是其显著标志。

“费尔康”预警机是以色列飞机公司于20世纪80年代末基于波音707研制的一型预警机，是世界上第一种相控阵雷达预警机。它采用了先进的电扫描技术，具有重量轻、造价低、可靠性高等特点，于1993年首次试飞，并获成功。该机监控范围直径800公里，对飞机周围360度全覆盖，可同时跟踪250个目标，并具备监视地面、海面运动目标的下视能力。

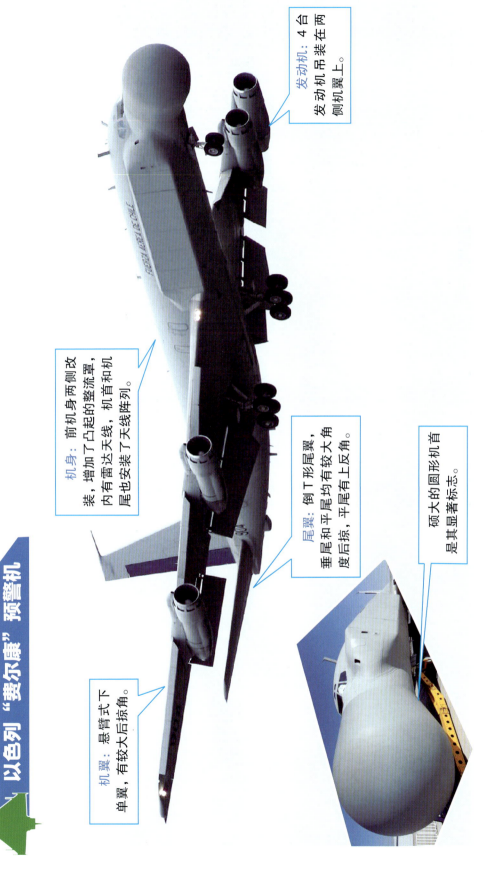

以色列“海雕”预警机

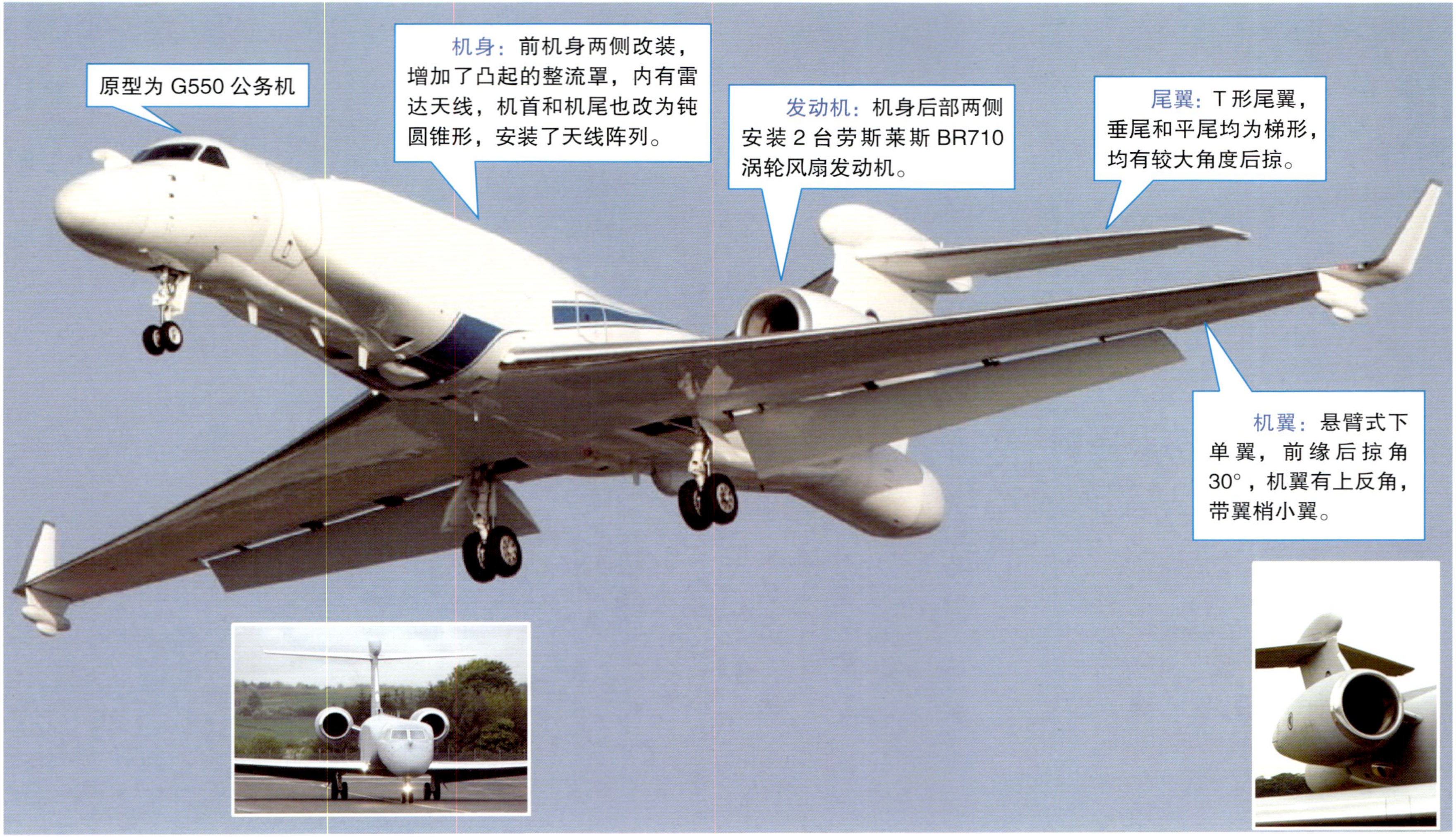
原型为 G550 公务机
机身：前机身两侧改装，增加了凸起的整流罩，内有雷达天线，机首和机尾也改为钝圆锥形，安装了天线阵列。
发动机：机身后部两侧安装 2 台劳斯莱斯 BR710 涡轮风扇发动机。
尾翼：T 形尾翼，垂尾和平尾均为梯形，均有较大角度后掠。
机翼：悬臂式下单翼，前缘后掠角 30°，机翼有上反角，带翼梢小翼。

巴西 EMB-145 预警机

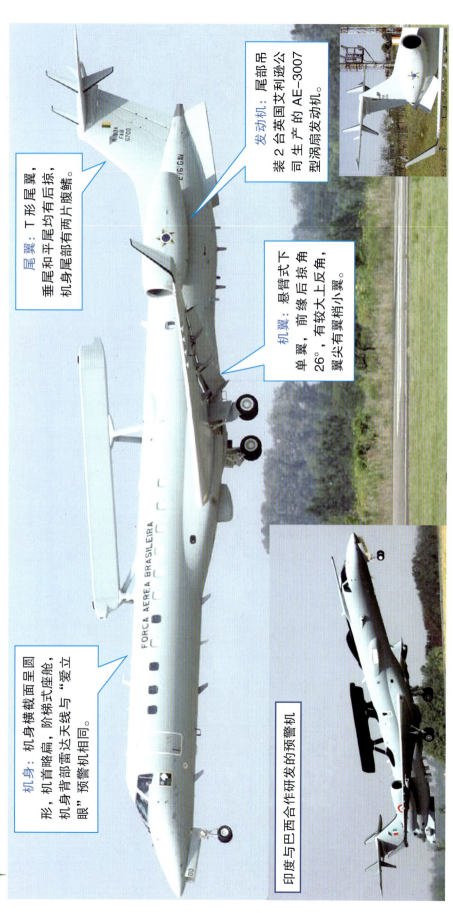

机身：机身横截面呈圆形，机首略扁，阶梯式座舱，机身背部雷达天线与“爱立眼”预警机相同。
尾翼：T 形尾翼，垂尾和平尾均有后掠，机身尾部有两片腹鳍。
机翼：悬臂式下单翼，前缘后掠角 26°，有较大上反角，翼尖有翼梢小翼。
发动机：尾部吊装 2 台英国艾利逊公司生产的 AE-3007 型涡扇发动机。
FORCA AEREA BRASILEIRA

印度与巴西合作研发的预警机

EMB-145 预警机是在巴西航空工业公司的 ERJ-145 客机基础上加装瑞典“爱立信之眼”雷达系统改制而成，除具备空中预警能力外，还集指挥、控制、通信于一身，成为“空中指挥中心”。与同类型装备相比，该机售价低廉，运营及维护成本不高，对中小国家和发展中国家非常有吸引力，希腊、墨西哥、巴西等国家均装备有该机型。

瑞典“爱立眼”预警机

载机采用萨博2000双发涡桨中短程支线客机。
机背上斜置安装（前低后高）雷达天线罩，天线罩前端有冷却系统的冲压空气入口。
尾翼：后掠式垂直尾翼连接大型背鳍，水平尾翼具有上反角。
发动机：2台AE2100A涡桨发动机，通过发动机短舱安装在机翼上，为降低舱内噪音，安装位置比较靠外，6叶螺旋桨。
机翼：悬臂式下单翼，前缘后掠角6°，机翼有上反角7°。

20世纪80年代，瑞典爱立信微波系统公司研制了FSR-890“爱立信之眼”机载有源相控阵预警雷达系统，并在此基础上采用不同载机平台开发了系列预警机，该系列预警机被统称为“爱立眼”预警机，在世界小型预警机市场具有很强的竞争力，阿联酋、巴西、巴基斯坦等国家均装备有该机型。

机背上平衡木式的雷达天线罩是该系列预警机的显著特征。

最新型号“全球眼”预警机，载机采用庞巴迪公司的环球 -6000 公务机。

机腹位置安装了高性能对海监视雷达，用于执行陆海监视、雷达成像和搜救等任务。

以萨博 340 为载机平台的 S-100B“百眼巨人”。

美国 P-3C“猎户座”反潜巡逻机

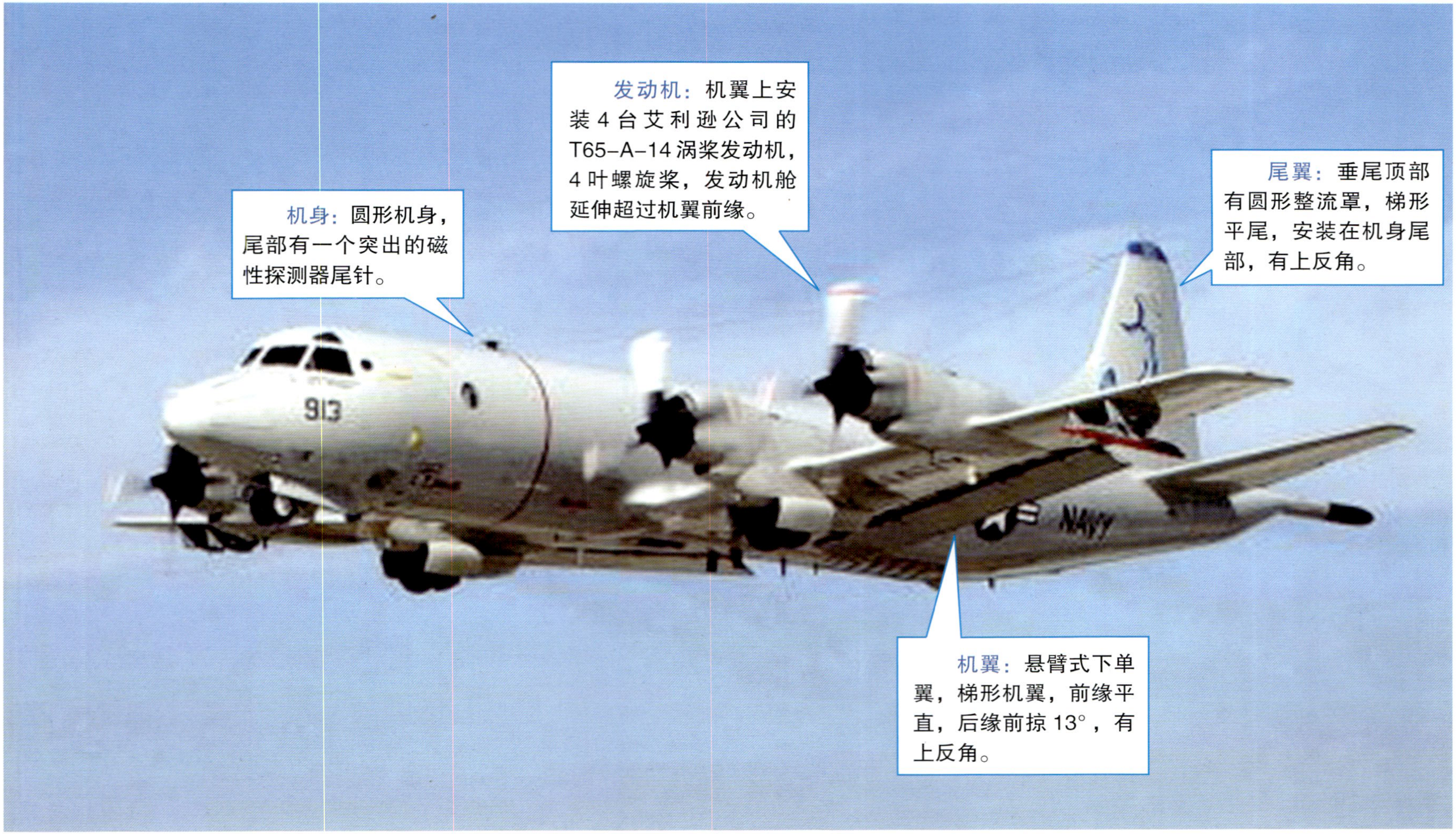

机身：圆形机身，尾部有一个突出的磁性探测器尾针。

发动机：机翼上安装 4 台艾利逊公司的 T65-A-14 涡桨发动机，4 叶螺旋桨，发动机舱延伸超过机翼前缘。

尾翼：垂尾顶部有圆形整流罩，梯形平尾，安装在机身尾部，有上反角。

机翼：悬臂式下单翼，梯形机翼，前缘平直，后缘前掠 13°，有上反角。

美国 P-8A“海神”反潜巡逻机

尾翼：梯形垂尾，大后掠角，顶部有电子设备舱，梯形平尾，有上反角。
956
NAVY
机身：圆形机身，锥形机首，机鼻圆滑。
956
NAVY
机翼：悬臂式下单翼，有较大后掠角和上反角，机翼末端逐渐弯曲并向上延伸。
发动机：机翼上安装 2 台 CFM56-7B 涡轮喷气发动机，发动机舱延伸超过机翼前缘。

美国 EA-6B“徘徊者”电子战飞机

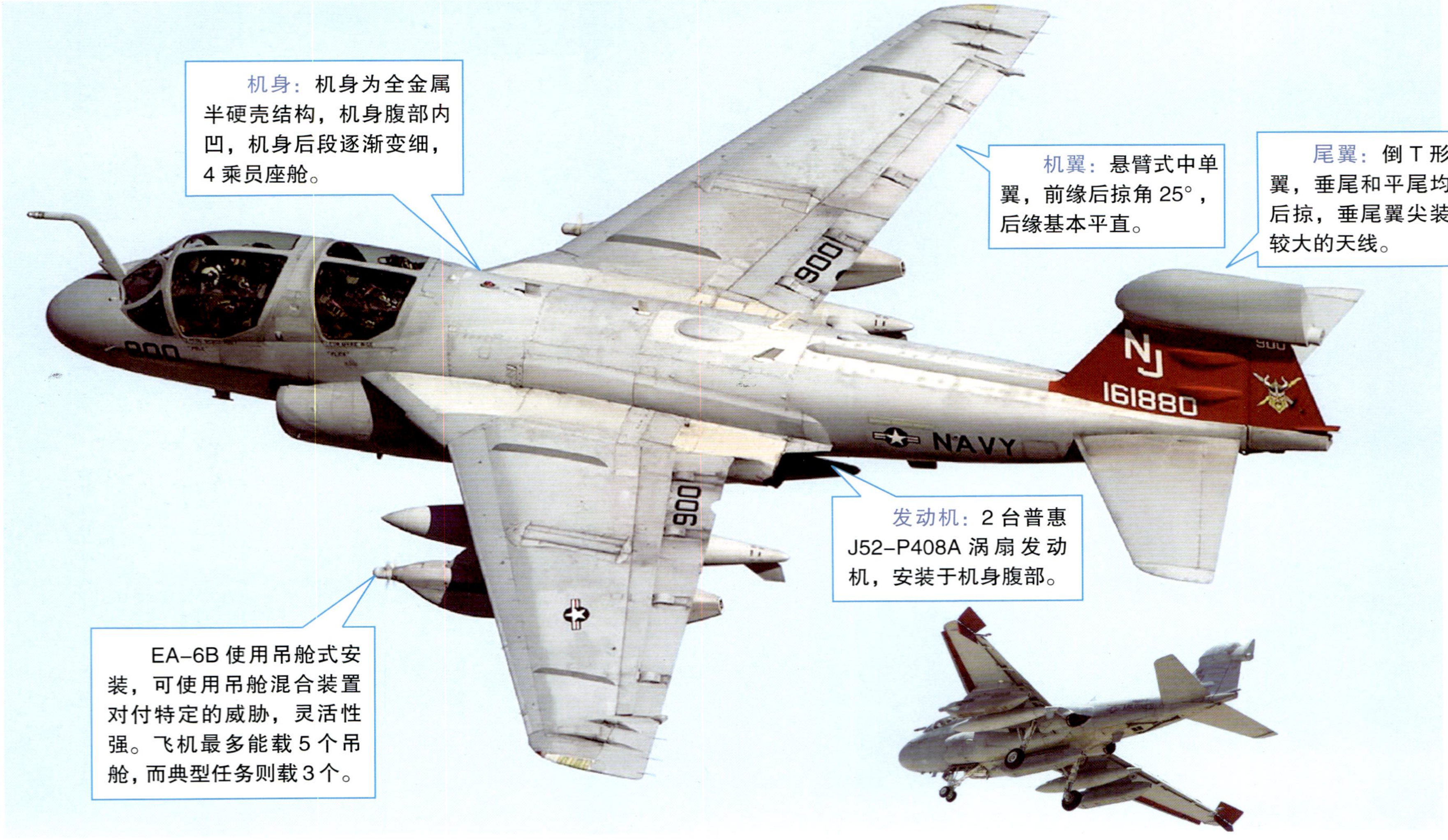

机身： 机身为全金属半硬壳结构，机身腹部内凹，机身后段逐渐变细，4 乘员座舱。

机翼： 悬臂式中单翼，前缘后掠角 25°，后缘基本平直。

尾翼： 倒 T 形尾翼，垂尾和平尾均有后掠，垂尾翼尖装有较大的天线。

发动机： 2 台普惠 J52-P408A 涡扇发动机，安装于机身腹部。

EA-6B 使用吊舱式安装，可使用吊舱混合装置对付特定的威胁，灵活性强。飞机最多能载 5 个吊舱，而典型任务则载 3 个。

美国 RC-12“护栏”战术电子侦察机

尾翼：后掠式T形尾翼，平尾两端有向下小型垂尾，有突出背鳍。
机身：机身上部布置各种雷达、通信系统天线。
机翼：直线型下单翼，翼尖装有副油箱。
发动机：2台PT6A-41螺旋桨发动机，安装于机翼根部发动机短舱内，4叶螺旋桨。
U.S. ARMY
131 22

比奇“空中国王”

RC-12 侦察机是美国雷声公司在比奇“空中国王”A200CT 基础上改装的战术侦察机，于 1991 年 6 月正式加入现役，用于截收敌指挥与控制系统、武器系统、雷达以及其他电子信号发射体发出的电波，并对目标进行测向定位。该机不仅能够查明敌军通信和雷达设备的配置地点，而且可以连续跟踪和监视移动目标的瞬时坐标。

第七章　直升机

直升机作为 20 世纪航空技术极具特色的创造之一，极大地拓展了飞行器的应用范围。直升机由于可以进行低空、低速的机动飞行，特别是可以在小面积场地垂直起降，受地形限制较小，广泛应用于对地攻击、机降登陆、武器运送、后勤支援、战场救护、侦察巡逻、指挥控制、通信联络、反潜扫雷、电子对抗等任务。

直升机主要通过机身旋翼的形式、安装位置，桨叶的数量，起落架等来识别。

旋翼是直升机产生升力的主要旋转组件，同时也可以为直升机提供推进力和操纵力。旋翼分主旋翼和尾翼。主旋翼提供升力的同时也作为飞行的动力，桨叶数量依直升机的不同用途、不同型号各有差异，有二叶、三叶、四叶、五叶，最高至八叶，主旋翼主要有单旋翼、双旋翼和共轴反转双旋翼三种形式。尾翼有普通尾桨、涵道式尾桨和无尾桨三种形式。

单旋翼

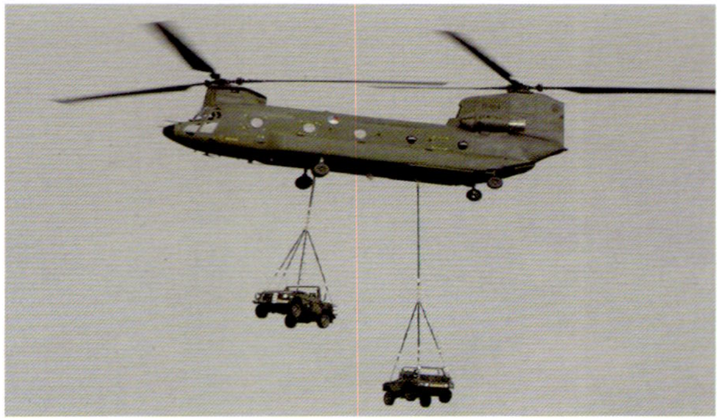

双旋翼

共轴反转双旋翼

普通尾桨

涵道式尾桨

无尾桨

AH-1 为轻型武装直升机，其主旋翼采用 2 片桨叶

AH-64 重型武装直升机主旋翼为 4 片桨叶

卡 -52 武装直升机采用并列双座布局，机首扁平，双主旋翼共 6 片桨叶。

“虎”式武装直升机采用串列双座布局，主旋翼为 4 片桨叶。

AW–101 运输直升机主旋翼 5 片桨叶

米 –26 运输直升机主旋翼 8 片桨叶

CH–47 运输直升机采用双旋翼布局

AS565 多用途直升机采用单旋翼、涵道式尾桨布局

武装直升机是重要的陆战武器平台，是集火力、机动力、防护力于一身的新型武器系统，它的发展得益于现代战争的需要，其发展之迅速，攻击性之强大，令世人刮目相看。

武装直升机与其他军用直升机的主要区别是，武装直升机携带攻击性的武器装备，因此也被称为攻击直升机。除了装有武器系统外，其外形、布局、战术技术性能等诸多方面，都区别于其他军用直升机。

在现代战争中，低空（1000 米以下）、超低空（100 米以下）是各种固定翼攻击机难以施展的空域，又是地面火力难以有效控制的空域，却是武装直升机的最佳活动空域，尤其在距地面 30 米左右，武装直升机能充分利用地形地物的掩护，对敌方地面、空中固定和移动目标实施攻击。因此，武装直升机也被称为“一树之高”的坦克杀手。

美国 AH-1“眼镜蛇”武装直升机

主旋翼：两叶旋翼，桨尖后掠。

发动机：2 台通用电气 T700-GE-401 涡轮轴发动机。

机身：窄体细长流线型，正面狭窄，机身两侧有外挂武器的短翼，每侧短翼下各有 2 个武器挂架。

尾翼：两叶尾桨，尾梁中部两侧有水平安定面。

旋转炮塔，装有一门 3 管加特林式机炮。

侧置发动机进气口，位于驾驶舱后面。

固定滑橇式起落架，有机轮安装点，可安装机轮。

AH-1“眼镜蛇”直升机，是由贝尔直升机公司于 20 世纪 60 年代中期为美国陆军研制的反坦克专用武装直升机，也是世界上第一种反坦克直升机。该机第一个生产型号是 AH-1G，自 1967 年首飞以来，经过 30 多年的不断改进和改型，目前已发展成能满足陆军和海军各种反坦克、反舰作战需要的庞大家族。继 AH-1G 之后，美国先后发展了反坦克性能更好的 AH-1J/Q/S/T/T+/W/P/E/F 等多种型号，这使得 AH-1 成为发展型号最多、服役时间最长、生产批量最大的武装直升机。

AH-1Z“蝰蛇”是为美国海军陆战队改进的最新型号，计划 2020 年前装备 280 架。该机型机身进一步拉长，主旋翼和尾翼都改为 4 片桨叶，改变了旋翼传动系统整流罩外形，航速、航程、机动性得到改进，航电和座舱也经过重大升级。

AH-1S

AH-1T

AH-1W

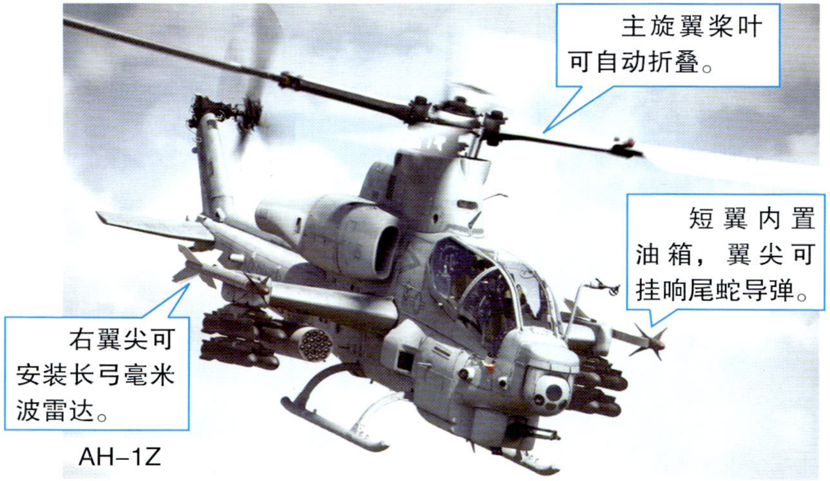
主旋翼桨叶可自动折叠。
短翼内置油箱，翼尖可挂响尾蛇导弹。
右翼尖可安装长弓毫米波雷达。
AH-1Z

AH-1Z

美国 AH-64“阿帕奇”武装直升机

主旋翼：全铰式（全关节式）旋翼系统，4 片桨叶。
纵列式双人座舱，座舱罩玻璃采用平板设计。
尾翼：尾桨由 2 副 2 片桨叶的旋翼组成，装载到同一叉形接头上，有 55° 夹角。
飞行员夜视系统
目标获取系统安装于机鼻转塔内。
发动机：2 台通用公司的 T700-GE-701 涡轴发动机，布置在机身两侧，间距极大。
机身：窄体细长机身，机身两侧装悬臂式小展弦比短翼，可拆卸，每侧短翼下有 2 个挂点，后三点式轮式起落架。
机首下方装有一门 M-203E-1 式 30 毫米单管链式机炮。

改进型 AH-64D 在主旋翼顶部加装长弓毫米波雷达。

AH-64“阿帕奇”武装直升机是美国陆军主力武装直升机，源自美国陆军 20 世纪 70 年代初的先进武装直升机计划，以作为“眼镜蛇”武装直升机后继型号。AH-64 具备强大的反装甲、反坦克能力，被称为“坦克终结者”。一架阿帕奇最多能挂载 16 枚“地狱火”导弹，理论上每次出击最多能消灭 16 辆坦克。AH-64 目前已被日本、中国台湾等 13 个国家和地区使用。自诞生之日起，AH-64 以其卓越的性能、优异的实战表现，一直雄踞世界武装直升机综合排行榜第一名。

俄罗斯米 –24“雌鹿”武装直升机

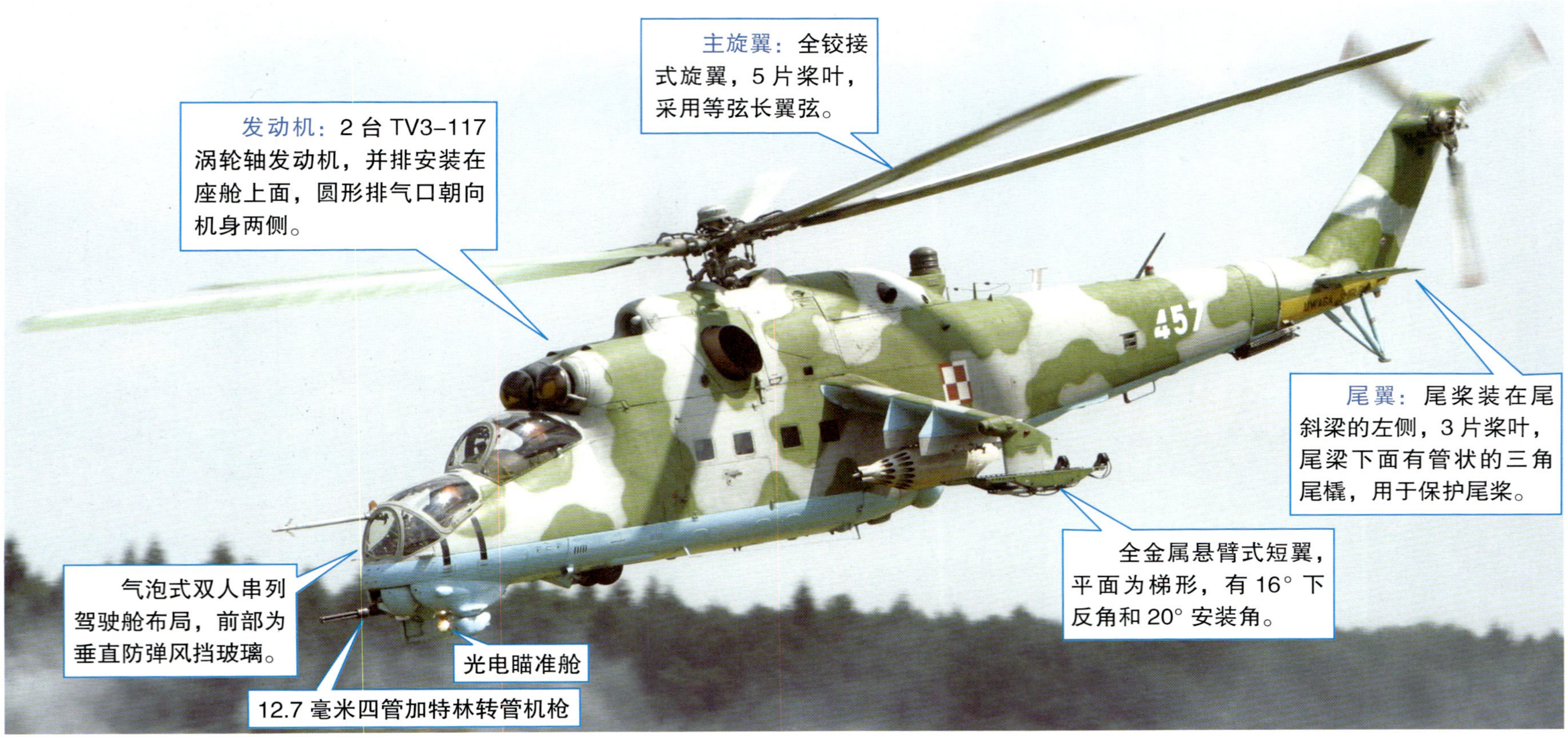
主旋翼：全铰接式旋翼，5 片桨叶，采用等弦长翼弦。
发动机：2 台 TV3–117 涡轮轴发动机，并排安装在座舱上面，圆形排气口朝向机身两侧。
457
尾翼：尾桨装在尾斜梁的左侧，3 片桨叶，尾梁下面有管状的三角尾橇，用于保护尾桨。
全金属悬臂式短翼，平面为梯形，有 16° 下反角和 20° 安装角。
气泡式双人串列驾驶舱布局，前部为垂直防弹风挡玻璃。
光电瞄准舱
12.7 毫米四管加特林转管机枪

米 –24 直升机是前苏联米里直升机设计局设计的多用途武装、运输直升机。该直升机于 20 世纪 60 年代末开始研制，1971 年定型，1972 年底完成试飞并投入批量生产，1973 年正式装备部队。后续以米 –24 为蓝本又研发了多种型别，各种型别的机体构架、动力装置和传动系统都是一样的，只是武器、作战设备和尾桨位置有所不同。该机出口超过 30 个国家，总产量约 2000 架。米 –24 不但具有强大的攻击火力，还有一定的运输能力，可以载 8~10 名士兵。

俄罗斯卡 -50“黑鲨”武装直升机

主旋翼：共轴双旋翼布局，两副直径相同的旋翼在机身顶部上下排列，每副旋翼有 3 片桨叶。
· 第一种采用单人座舱的武装直升机
· 第一种采用共轴双旋翼布局的武装直升机
· 第一种装备弹射救生座椅的武装直升机
发动机：2 台克里莫夫 TB/V3-117VMA 涡轮轴发动机，安装在机身两侧短翼翼根上方发动机短舱中。
25
尾翼：后机身、尾梁逐渐变细，装有带端板的水平尾翼，末端有较高的垂尾，无尾桨。
机身两侧装有悬臂式小展弦比短翼，可拆卸，每侧短翼下有 2 个挂点。
机身：流线型窄体细长机身，单座，机首呈锥形，机首前部装有皮托管和为火控计算机提供数据的传感器，机首下方装有探测器舱，后三点轮式起落架。

卡 -50 采用共轴反向双旋翼，各旋翼的旋转作用力相互抵消，因而不需要尾桨。机尾的存在纯粹是为了平衡全机的空气动力和改善操纵性，所以即使整个尾部被打掉，卡 -50 仍能安全着陆，不像一般的直升机，一旦尾部或尾旋翼被击中，即失去平衡，造成整架直升机坠毁。

直升机的旋翼尖端速度突破音速后产生的各种问题一直是直升机极速的限制因素，使用共轴反转双旋翼意味着能用两个较小旋翼以较低速度运行，所以双旋翼使“黑鲨”最高速度超过其他大部分武装直升机。

采用共轴反转双旋翼系统，可以免除后尾旋翼并提高特技飞行能力，直升机可以完成拉机首向上绕圈、侧滚和“漏斗”等动作。

俄罗斯米-28“浩劫”武装直升机

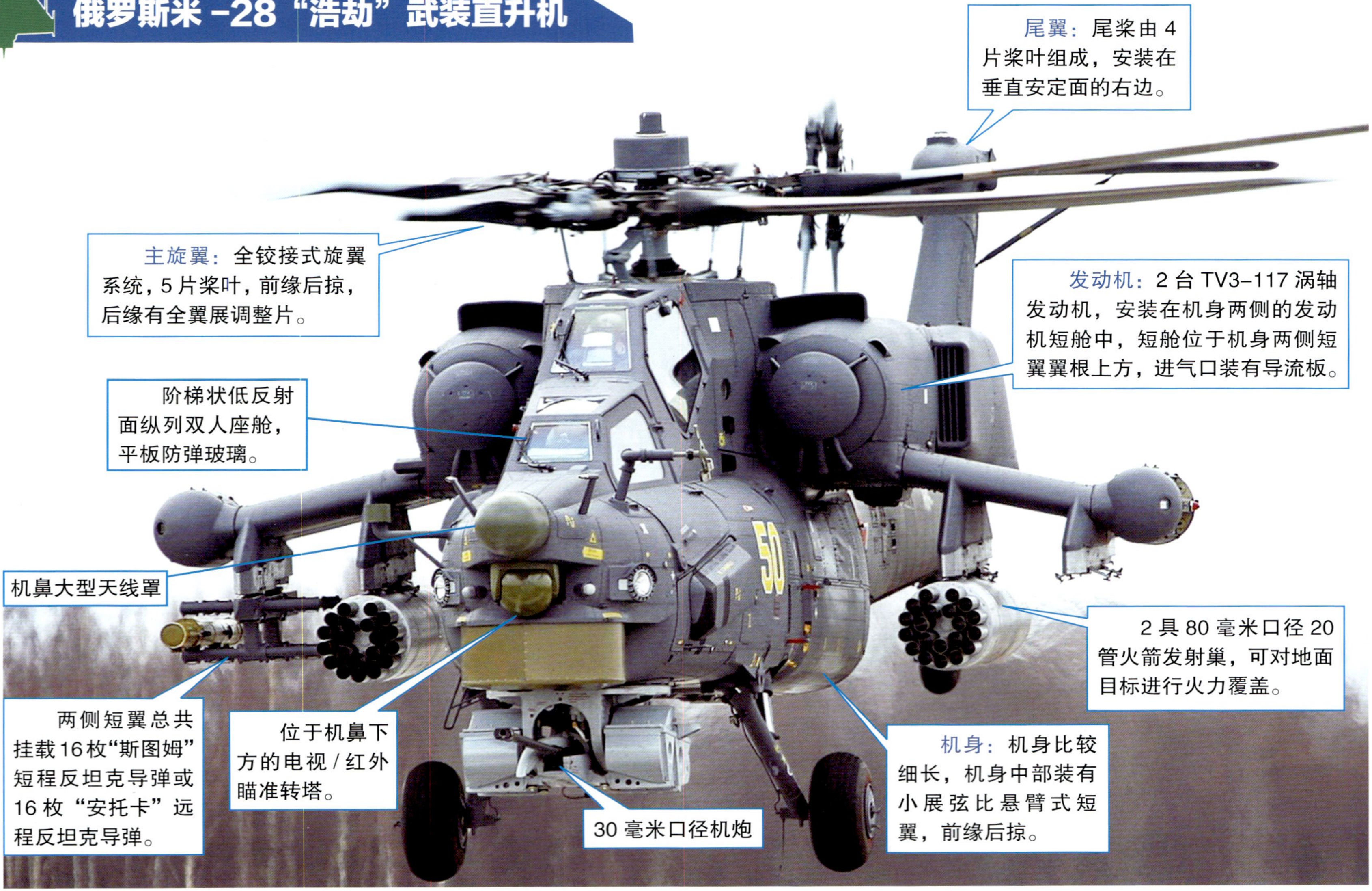
尾翼：尾桨由4片桨叶组成，安装在垂直安定面的右边。
主旋翼：全铰接式旋翼系统，5片桨叶，前缘后掠，后缘有全翼展调整片。
发动机：2台TV3-117涡轴发动机，安装在机身两侧的发动机短舱中，短舱位于机身两侧短翼翼根上方，进气口装有导流板。
阶梯状低反射面纵列双人座舱，平板防弹玻璃。
机鼻大型天线罩
2具80毫米口径20管火箭发射巢，可对地面目标进行火力覆盖。
两侧短翼总共挂载16枚“斯图姆”短程反坦克导弹或16枚“安托卡”远程反坦克导弹。
位于机鼻下方的电视/红外瞄准转塔。
30毫米口径机炮
机身：机身比较细长，机身中部装有小展弦比悬臂式短翼，前缘后掠。

米 -28N 是在米 -28 的基础上发展而来的，增强了夜间和恶劣环境下的作战能力。外观上最明显的变化是旋翼上增加了一个球形雷达。

俄罗斯卡-52“短吻鳄”武装直升机

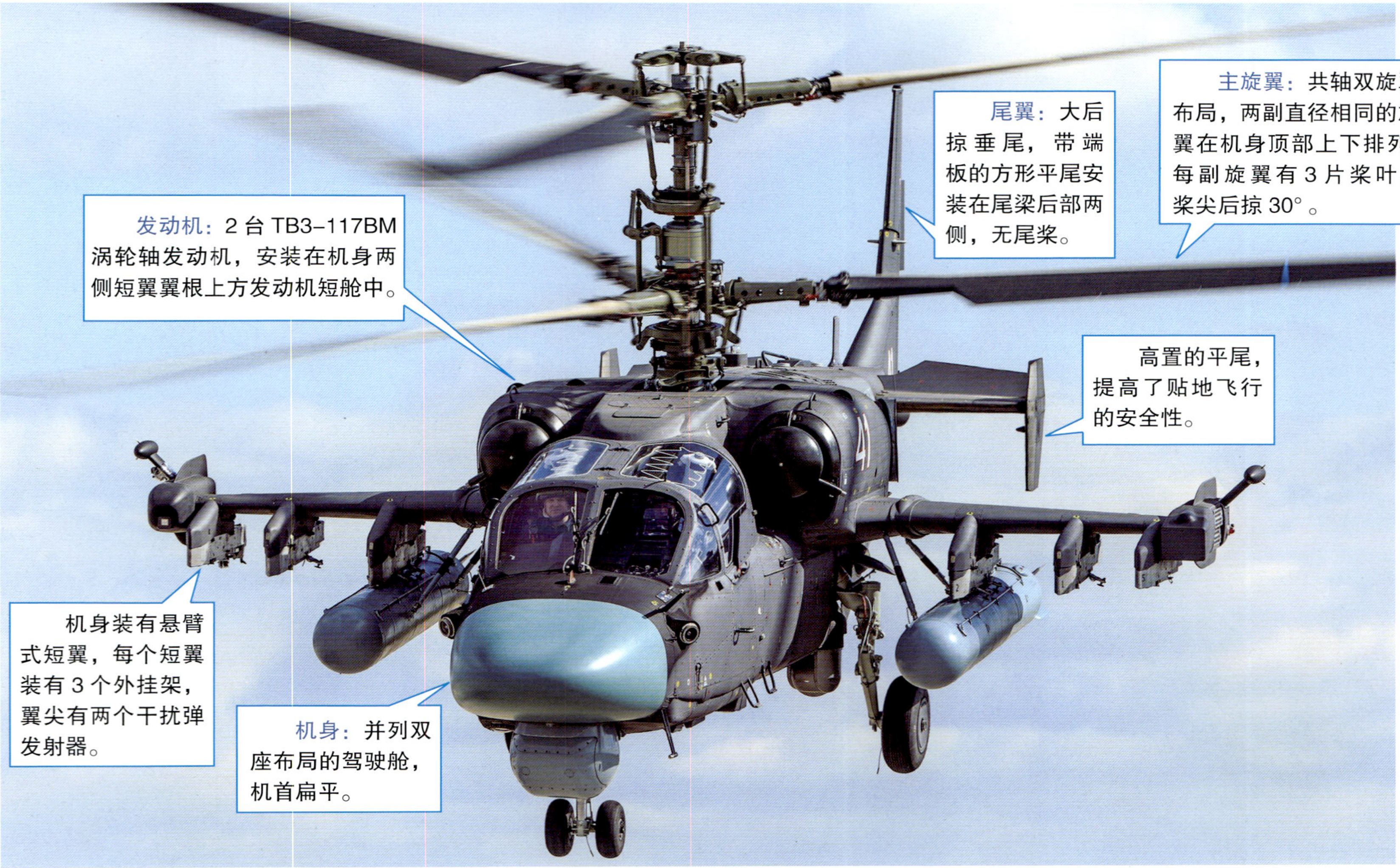
发动机：2 台 TB3-117BM 涡轮轴发动机，安装在机身两侧短翼翼根上方发动机短舱中。
尾翼：大后掠垂尾，带端板的方形平尾安装在尾梁后部两侧，无尾桨。
主旋翼：共轴双旋翼布局，两副直径相同的旋翼在机身顶部上下排列，每副旋翼有 3 片桨叶，桨尖后掠 30°。
高置的平尾，提高了贴地飞行的安全性。
机身装有悬臂式短翼，每个短翼装有 3 个外挂架，翼尖有两个干扰弹发射器。
机身：并列双座布局的驾驶舱，机首扁平。

30 毫米口径机炮装在机身一侧，射界受到一定影响。

卡 –52“短吻鳄”武装直升机是前苏联卡莫夫设计局（现俄罗斯直升机公司）设计的共轴反转双旋翼武装直升机，其最显著的特点是采用了并列双座驾驶舱布局，而传统的武装直升机都为串列双座布局。该机性能先进，集侦察、攻击与空战于一身，具有全天候作战能力。

欧洲“虎”式武装直升机

主旋翼：无铰接式旋翼系统，4 片桨叶，桨尖后掠。

支援空战型在发动机整流罩前安装顶置瞄准仪。

机身：机身设计考虑了隐身需要，大量采用复合材料，纵列式阶梯状双人座舱，类似于 A–129。

排气口

尾翼：大后掠垂尾，带端板平尾安装在尾梁后部两侧，3 叶尾桨安装在垂尾右侧。

发动机：2 台 MTR–390 涡轮发动机，排气口朝向上方，装有冷却装置。

机身装有悬臂式短翼，每个短翼有 2 个外挂架。

固定式后三点起落架

机鼻下方安装一门专为直升机空战设计的 M781 型 30 毫米机炮。

反装甲型配备了“地狱之神”桅顶观测仪。
取消了机炮，在机鼻下方安装了前视红外侦测仪。
74 08

“虎”式直升机是欧洲直升机公司生产的4叶旋翼、双发多任务武装直升机，是世界上第一种将制空作战纳入设计思想并付诸实施的武装直升机。该机的空中机动性能、续航力和机炮射击精确度均优于美制“阿帕奇”武装直升机，适合进行直升机空战，武器系统虽然不如美制武装直升机，但也能胜任一般的反坦克、猎杀软性目标或近距支援等任务。该机共有两种基本构型，目前装备于德、法、西班牙、澳大利亚等国家。该机设计时突出了低可探测性，机身使用红外线讯号抑制涂料，雷达截面积与红外线讯号都尽可能降至最低，整架直升机的正面截面积非常小。

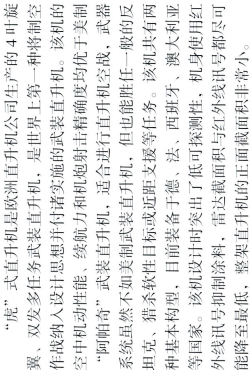

意大利 A-129“猫鼬”武装直升机

主旋翼：全铰接式旋翼系统，4片桨叶（MK2型A-129为5片桨叶），桨尖后掠。
发动机：2台Gem2MK1004D涡轴发动机安装在机身两侧，半圆形进气口。
全天候观瞄系统可在方位240°和高低50°范围内转动。
20毫米三管加特林转管式机炮。
机身：机身为常见布局，串列式座舱，机身装有悬臂式短翼，每个短翼装有2个外挂架，固定式后三点起落架。
尾翼：大后掠垂尾，方形平尾安装在尾梁后部两侧，2叶尾桨安装在垂尾左侧。

A-129 武装直升机由意大利的阿古斯塔·韦斯特兰公司研制，是欧洲自主设计的第一种武装直升机，也是欧洲国家第一种经过实战考验的武装直升机。该机采用武装直升机常用的布局，机身为纵列式座舱，副驾驶、射手在前，飞行员在较高的后舱内，均有坠机能量吸收座椅。机身装有悬臂式短翼，为复合材料，位于后座舱后的旋翼轴平面内。每个短翼装有 2 个外挂架，可外挂 1 000 千克的武器。起落架采用抗坠毁固定式后三点起落架。

该机机身结构设计主要为铝合金大梁和构架组成的常规半硬壳式结构。中机身和油箱部位由蜂窝板制成。复合材料占整个机身重量（发动机重量除外）的 45%，主要用于机首整流罩、尾梁、尾斜梁、发动机短舱、座舱盖骨架和维护壁板。

该机采用了分开隔离的两套燃油系统，但两套供油线路可交叉供油，供油管线和油箱都有自封闭功能，发动机由装甲防火板隔开。

ARA KUVVETLERI
更换了观瞄系统。
发动机进气口、排气口与 A-129 不同，均分别朝向机身两侧。

T-129 由意大利和土耳其联合研制，基于 A-129 对机身、武器系统、航电设备进行了改进。

南非 CSH-2“石茶隼”武装直升机

主旋翼：全铰接式旋翼系统，4 片桨叶。
机身：机身装有悬臂式短翼，每个短翼装有 3 个外挂架。
安装探测设备的转塔。
外露的炮塔安装 1 门 20 毫米机炮，射界较大，利于空战。
后三点跪式起落架，使直升机能在斜坡上着陆，增强了耐坠毁能力。
发动机：在机身肩部安装 2 台透博梅卡马基拉 1K2 涡轴发动机，圆形进气口，发动机前方有长锥形防沙罩，后部有排沙装置。
672

CSH-2 武装直升机由南非阿特拉斯公司研制，1995 年投入使用。在研制之初，就充分考虑了非洲南部炎热的天气、沙尘和复杂的地形环境等因素，所以该机具有独特的优点。该机大多数指标与 AH-64、米 -28、“虎”式等先进武装直升机相当，同时出勤率高，精确性强，适应性和生存能力都较强，维护较简便，还可以抵抗风沙。根据南非军方的需求，这种武装直升机的主要任务是在有各种苏制地对空导弹的高威胁环境中进行近距离空中支援和反坦克、反火炮、反直升机作战。

通用直升机有多种类型，广泛应用于执行运输、侦察、战场救护等任务，部分型号也具有武装直升机的一些功能，以运输直升机为主。运输直升机是军用直升机家族中数量最多的直升机，约占军用直升机总数的 70% 左右，一般不装备攻击性武器，专门用于运输武器装备和军事人员，特别适合完成近程和复杂地形的运输任务。由于受地形限制小，能进行垂直起降，机动灵活，通用直升机成为现代战争中不可或缺的机动力量。

美国 CH-47“支奴干”运输直升机

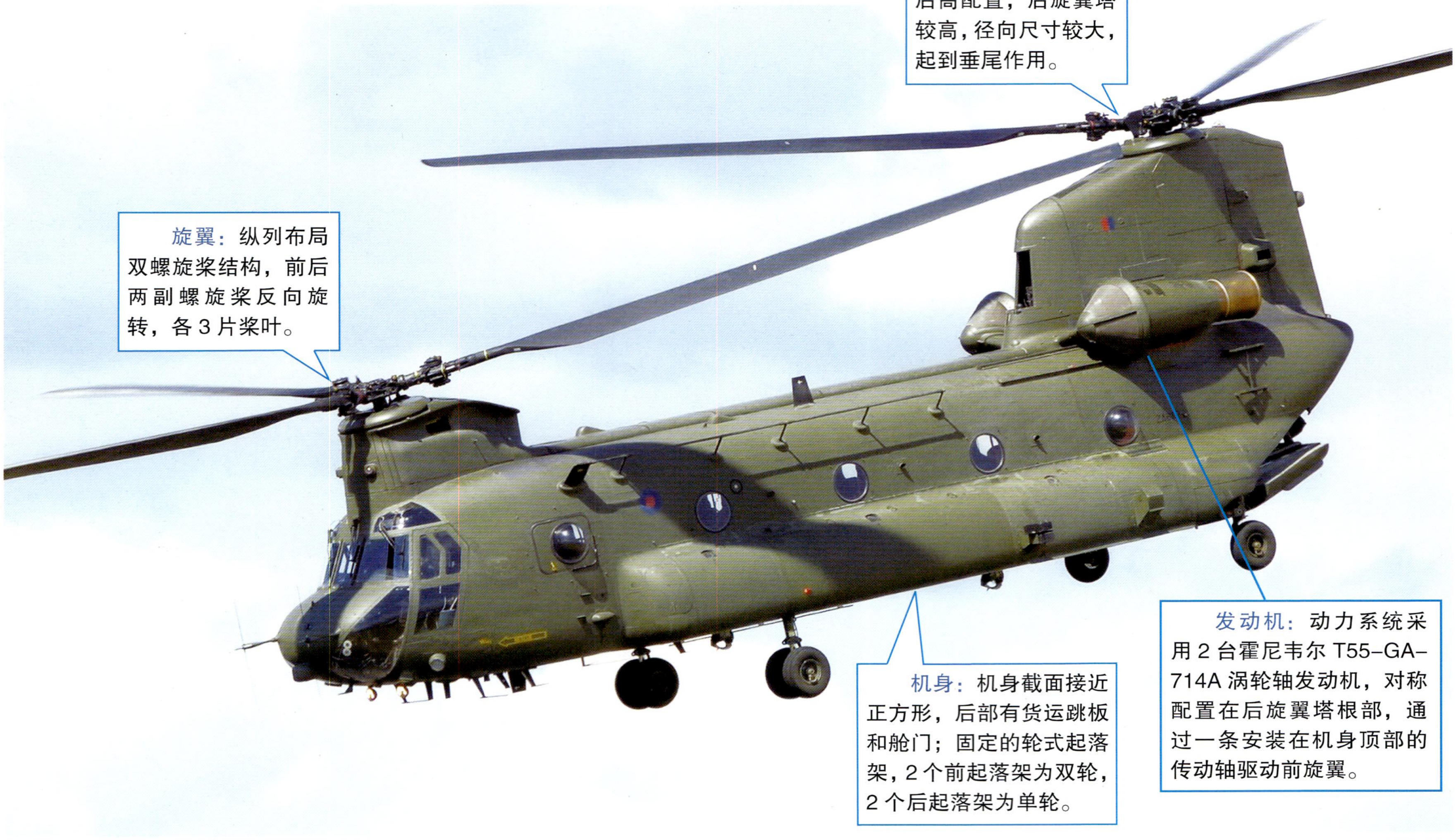
旋翼塔采用前低后高配置，后旋翼塔较高，径向尺寸较大，起到垂尾作用。
旋翼：纵列布局双螺旋桨结构，前后两副螺旋桨反向旋转，各 3 片桨叶。
机身：机身截面接近正方形，后部有货运跳板和舱门；固定的轮式起落架，2 个前起落架为双轮，2 个后起落架为单轮。
发动机：动力系统采用 2 台霍尼韦尔 T55–GA–714A 涡轮轴发动机，对称配置在后旋翼塔根部，通过一条安装在机身顶部的传动轴驱动前旋翼。

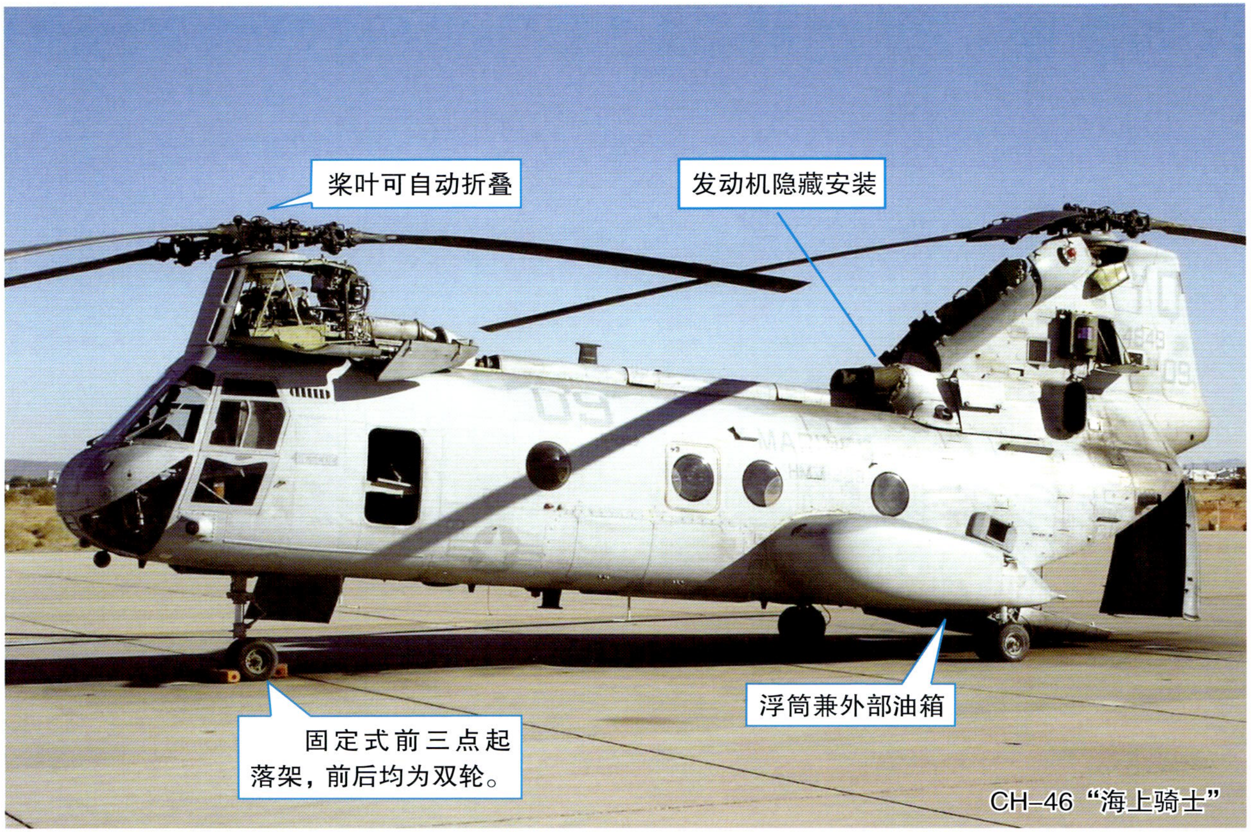
桨叶可自动折叠
发动机隐藏安装
浮筒兼外部油箱
固定式前三点起落架，前后均为双轮。
CH-46“海上骑士”

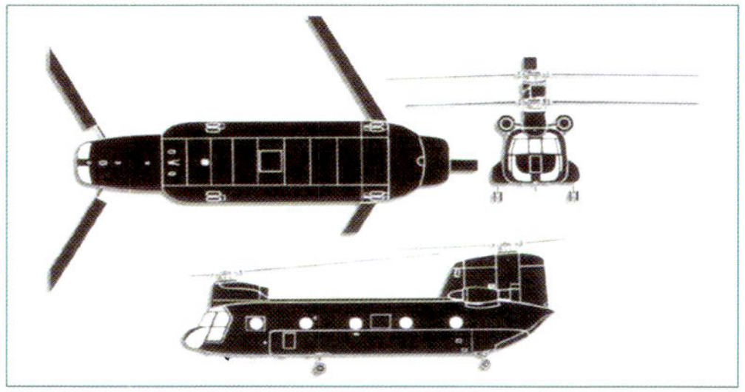

CH-47“支奴干”运输直升机是美国波音公司制造的多功能、双发、双旋翼、全天候运输直升机，其双旋翼采用纵列布局，于1956年研制。CH-47A型于1963年开始装备美军，后又发展了多种型号，销往多个国家和地区，生产超过1000架，最大用户是美国陆军和英国皇家空军。CH-47是美军现役的直升机中载重量最大的型号之一，主要任务是士兵运输、火炮吊运与战场补给。

美国海军陆战队装备的CH-46“海上骑士”直升机与CH-47源于同一设计，两者外形、尺寸接近，针对海上使用的特点，其设计有所不同。

美国 CH-53“海上种马”运输直升机

尾翼：4 叶尾桨安装在尾斜梁左侧，海鸥翼形平尾高置在右侧；尾斜梁向左倾斜 20°，可向右侧折叠。
尾梁较细
机身两侧浮筒，可收入主起落架，可挂载副油箱。
发动机：发动机短舱悬挂在机身上部两侧，基本型采用 2 台通用电气 T64-GE-413 涡轴发动机，E 型采用 3 台。
机身：水密半硬壳结构，较宽大，前部为驾驶舱，后部为主舱。
可伸缩加油管
可收放前三点起落架

CH-53E

CH-53 运输直升机是由美国西科斯基公司研制的军民两用双发运输直升机，也用于反潜和救援，是美国海军直升机部队的重要组成部分，承担大量的两栖运输任务，是美国海军陆战队由海洋到陆地的主要突击力量。该机深受美国海军喜爱，美国海军评价：能够取代老一代 CH-53 直升机的只可能是一架更好的 CH-53！

该机有多种改型，主要包括 CH-53A、CH-53D、CH-53E 运输直升机，RH-53D、MH-53E“海龙”扫雷直升机，MH-53M、MH-53J 特种作战直升机等。目前该机服役已超过 50 年，进入升级改型的第三阶段——性能大大增强的 CH-53K“种马之王”。

CH-53K

美军现役主力 CH-53E

美国 UH-60“黑鹰”直升机

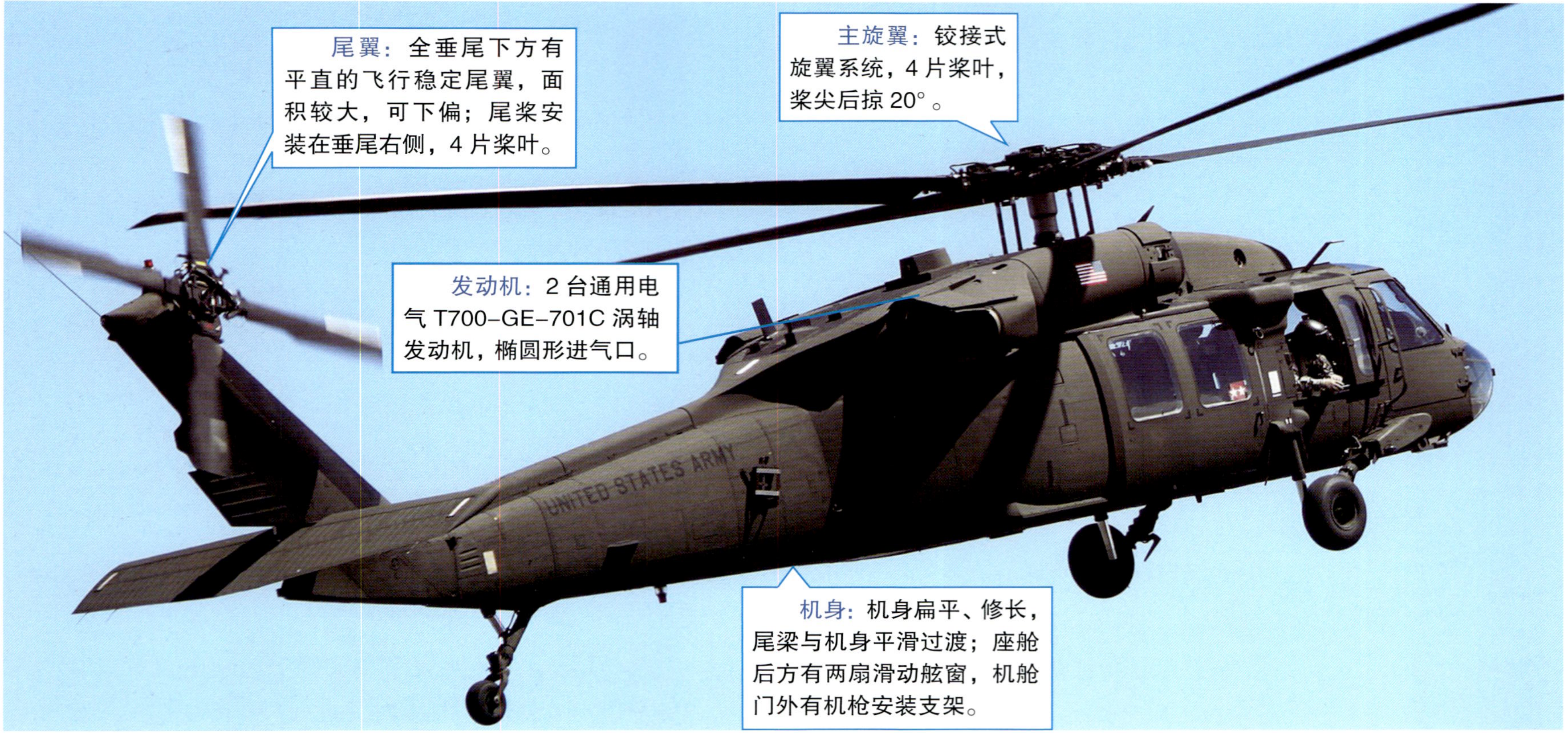
尾翼：全垂尾下方有平直的飞行稳定尾翼，面积较大，可下偏；尾桨安装在垂尾右侧，4 片桨叶。
主旋翼：铰接式旋翼系统，4 片桨叶，桨尖后掠 20°。
发动机：2 台通用电气 T700-GE-701C 涡轴发动机，椭圆形进气口。
机身：机身扁平、修长，尾梁与机身平滑过渡；座舱后方有两扇滑动舷窗，机舱门外有机枪安装支架。
UNITED STATES ARMY

UH-60 通用直升机是美国西科斯基在 20 世纪 70 年代研制的四旋翼、双发通用直升机。该机衍生出了许多型号，彰显了其近乎完美的通用性，例如美国海军陆战队运输直升机“夜鹰”、美国空军特种直升机“铺路鹰”、澳大利亚武装直升机“战斗鹰”、美国海军反潜 / 运输直升机“海鹰” 等。除美国外，有 20 多个国家和地区购买该机。UH-60 至今生产了 4500 多架，是世界上生产数量最多的直升机之一，更彰显了其设计的优异性。

UNITED STATES ARMY

俄罗斯米 -8“河马”直升机

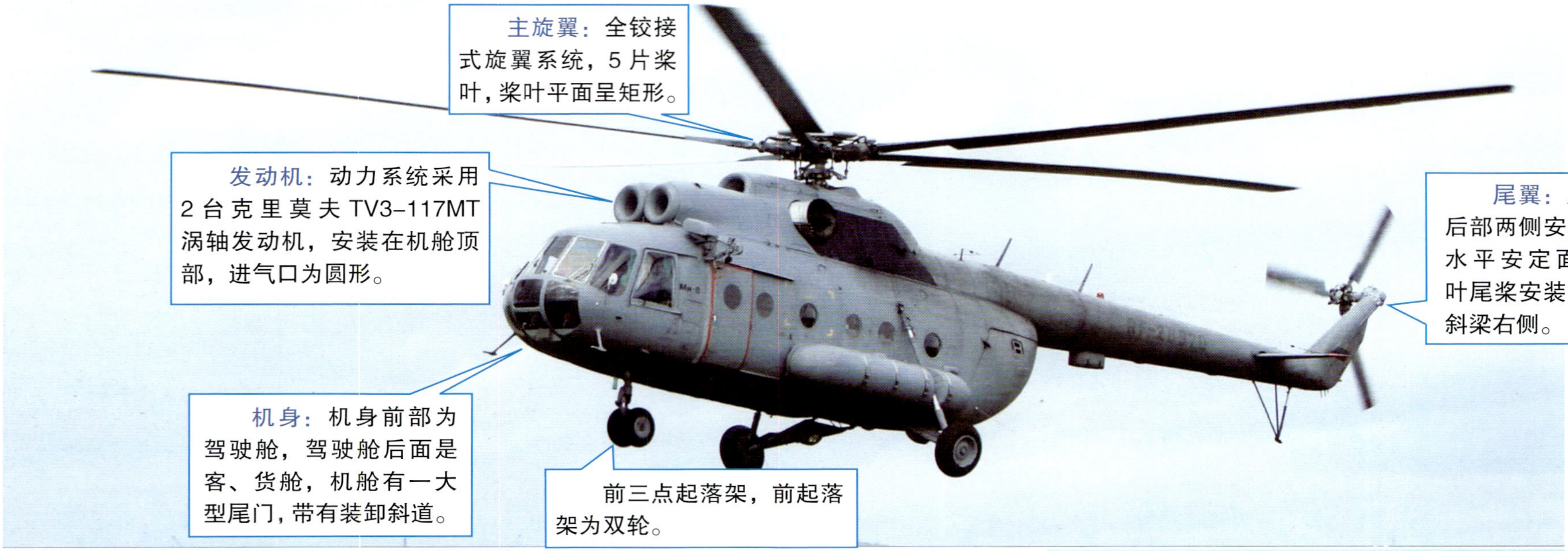
主旋翼：全铰接式旋翼系统，5 片桨叶，桨叶平面呈矩形。
发动机：动力系统采用 2 台克里莫夫 TV3-117MT 涡轴发动机，安装在机舱顶部，进气口为圆形。
尾翼：尾梁后部两侧安装有水平安定面，3 叶尾桨安装在尾斜梁右侧。
机身：机身前部为驾驶舱，驾驶舱后面是客、货舱，机舱有一大型尾门，带有装卸斜道。
前三点起落架，前起落架为双轮。

米 -8 直升机是 20 世纪 50 年代末至 60 年代初前苏联米里设计局研制的一种中型运输直升机。1964 年米 -8 军用型及民用型同时开始投产。米 -8 有多种改型，其中比较出名的是米 -17 系列，其外形最大的改变就是尾桨位置由原来的右侧改为左侧。

俄罗斯米-26“光环”运输直升机

主旋翼：全铰接式旋翼系统，由8片等弦长桨叶组成，桨叶厚度向桨尖方向逐渐变薄。
机身：机身横截面为椭圆形，后舱门备有折叠式装卸跳板。
尾翼：尾桨由5片玻璃钢制桨叶组成，位于尾梁右侧，水平尾面位于垂直尾面与尾梁的交接处。
发动机：2台D-136涡轮轴发动机，并排安装在旋翼轴前驾驶舱上方，进气道前装有粒子分离器，两个进气道的上方有第三个进气道。
07

RF-95569

UTair

米-26是俄罗斯（苏联）双发多用途军民两用运输直升机，是目前世界上仍在服役的最重、最大的直升机。该机货舱空间巨大，可装载2辆装甲车和20吨的标准集装箱，用于人员运输可容纳80名全副武装的士兵，具有相当于C-130运输机的运载能力。

俄罗斯卡-27“蜗牛”多用途直升机

主旋翼：全铰接式共轴反转可折叠双螺旋桨，各3片桨叶。
发动机：2台TV3-117V涡轴发动机，并排安装在机舱上方、旋翼之前。
机身：机身短粗，驾驶舱两侧各有一个可投抛滑动舱门，门上有瞭望窗。
尾翼：张臂式结构，装有固定倾角的水平安定面和升降舵，有两个端板式垂直安定面和方向舵。
35
ВМФ РОССИИ

卡-27是前苏联卡莫夫设计局为海军研制的共轴反转双旋翼多用途直升机，1969年开始设计，原型机于1974年12月试飞，80年代初研制成功并投入使用。在其基础上，又发展了多种型号，其中卡-28是其出口型，卡-29是其武装运输改型，卡-31是空中预警型，卡-32是民用型。该机型在俄罗斯、乌克兰、越南、韩国、印度、中国都有使用。

俄罗斯卡-60“逆戟鲸”多用途直升机

主旋翼：铰接式旋翼系统，4片桨叶，桨尖后掠。

尾翼：垂直安定面内装有涵道风扇尾桨，尾桨有11片桨叶，垂尾顶部安装有水平安定面。

发动机：2台TVD-1500涡轮轴发动机，扁平进气口位于机身顶部。

机身：呈流线型，驾驶舱后有宽敞的运输舱，每侧机身都开有大号舱门。

法国 AS332“超级美洲豹”多用途直升机

主旋翼：铰接式旋翼系统，4 片桨叶。

发动机：2 台透博梅卡公司马基拉 1A1 涡轮轴发动机，并排安装在机身顶部，进气口有格栅，防止进入异物。

排气口分别朝向机身两侧。

尾翼：一片方形平尾安装在尾斜梁后部左侧，5 叶尾桨安装在垂尾右侧。

机身：驾驶舱采用并列双座布局，机身短粗，尾撑平直。

液压可收放式前三点起落架，前起落架为双轮。

法国 AS565“黑豹”多用途直升机

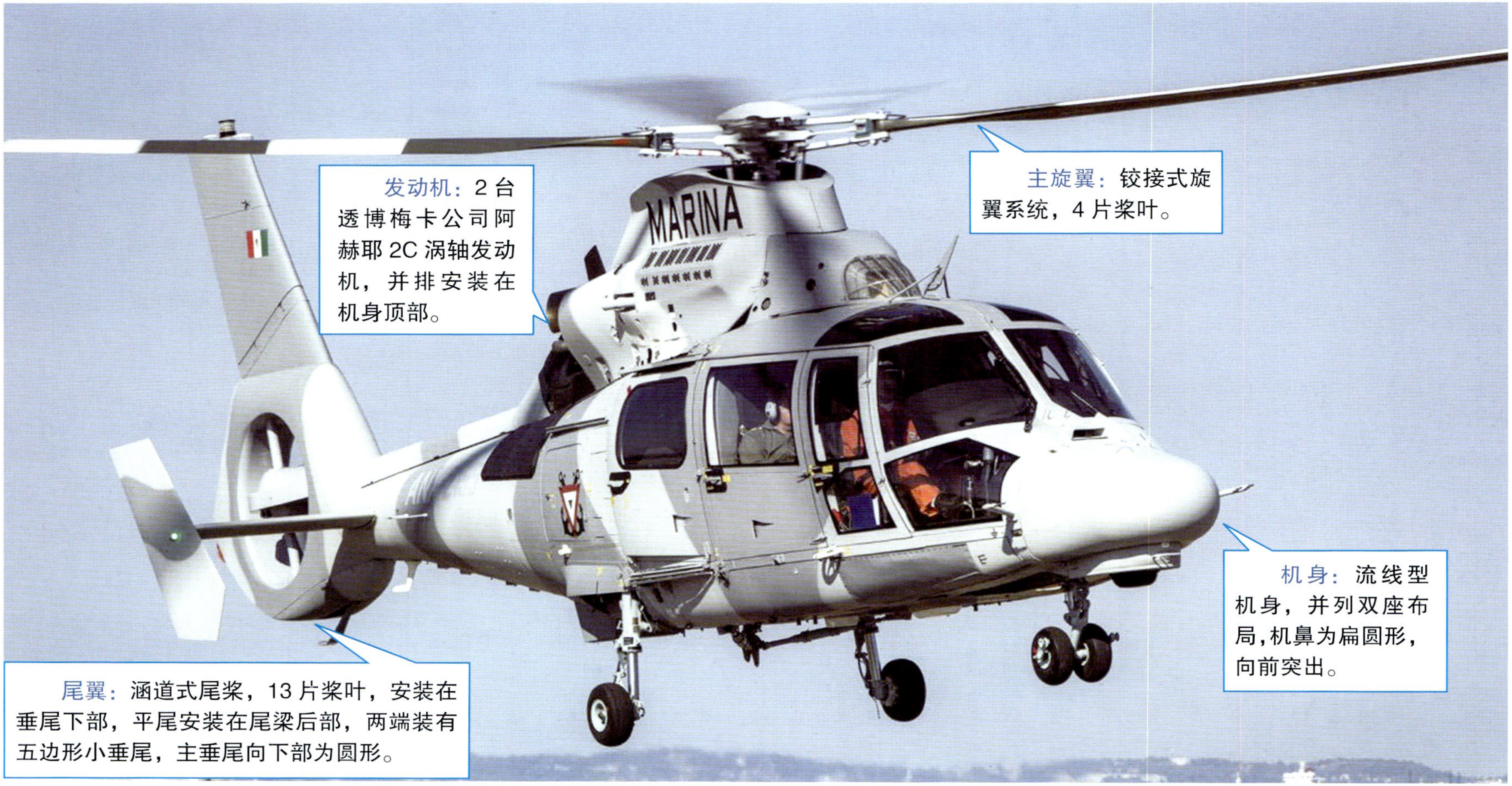
发动机：2台透博梅卡公司阿赫耶2C涡轴发动机，并排安装在机身顶部。
主旋翼：铰接式旋翼系统，4片桨叶。
MARINA
机身：流线型机身，并列双座布局，机鼻为扁圆形，向前突出。
尾翼：涵道式尾桨，13片桨叶，安装在垂尾下部，平尾安装在尾梁后部，两端装有五边形小垂尾，主垂尾向下部为圆形。

AS565 直升机由欧洲直升机法国公司研制，其前身是著名的“海豚”直升机，平时执行救援运输任务，战时为特种部队提供支援，稍加改装便可用作反坦克武装直升机、海上搜索反潜直升机、侦察校射直升机。

英国“山猫”直升机

主旋翼：铰接式旋翼系统，4片桨叶，通用型和海军型旋翼桨叶可以折叠，海军型尾斜梁可以人工折叠。

尾翼：大后掠垂尾，单片平尾安装在垂尾顶部右侧，尾桨安装在垂尾左侧，4片桨叶。

海军型机首下载有圆盘形天线。

机身：双座并列驾驶舱，机首前部突出段较长，机身两侧滑动舱门上有大窗口。

发动机：2台“宝石”43–1涡轴发动机，并排安装在机舱上方，位置靠后。

海军型采用不可收放的前三点起落架。

陆军型从AH–9开始采用前三点轮式起落架。

陆军早期型号采用固定式滑橇起落架。

英国 AW-159“野猫”直升机

主旋翼：铰接式旋翼系统，4 片桨叶，采用 BERP（英国实验旋翼计划）桨尖。

发动机：2 台罗尔斯·罗伊斯 CTS800-4N 涡轴发动机，圆形排气口向机身上方排气。

尾翼：4 叶尾桨安装在垂尾上端左侧，平尾安装在尾梁后部，两段装有五边形小垂尾。

机身：并列双人驾驶舱，机身两侧有侧滑门，机首有台阶式突出，上面安装光电探测设备，海军型机鼻下安装圆盘形天线。

英国 AW-101“灰背隼”直升机

主旋翼：全铰接式旋翼系统，5片桨叶，采用 BERP（英国实验旋翼计划）桨尖，桨叶能够自动折叠。
机身：并列式双人驾驶舱，后部有宽大座舱。
发动机：3 台 RTM-322 涡轴发动机，呈品字形安装在机舱顶部。
尾翼：大后掠垂尾，单片平尾安装在尾梁后部两侧，4 叶尾桨安装在垂尾左侧。
MARINA
2-06

AW-101 是由英国韦斯特兰和意大利阿古斯塔公司联合研制的一种中型多用途直升机，1987 年 6 月成功首飞，1996 年批量生产，有多种型号交付英国、意大利、加拿大、日本、印度等国服役。该机具有全天候作战能力，可用于反潜、护航、搜索救援、空中预警和电子对抗等。

欧洲 EC725“超级美洲狮” 直升机

主旋翼：全铰接式旋翼系统，5 片桨叶，桨尖后掠。
尾翼：大后掠垂尾，单片平尾安装在尾梁后部左侧，4 叶尾桨安装在垂尾右侧。
发动机：2 台透博梅卡公司的马基拉 -1A4 涡轴发动机，圆形进气口，排气口在机身两侧。
机身：并列式双人驾驶舱，全玻璃座舱，机身两侧有侧滑门，机鼻下方安装光电探测设备。

EC725 直升机是法国欧洲直升机公司（后改为空中客车直升机公司）研制的双发涡轴中型军用直升机，该型机的民用型号为空中客车 H225M 直升机。该机可用于运输部队、疏散伤员、战斗搜索和救援任务，能运载 29 名武装人员和两名驾驶员，可根据客户的需求变更配置。

欧洲 NH90 中型多用途直升机

主旋翼：全铰接式旋翼系统，4 片桨叶，外桨尖呈抛物线形，桨叶可自动折叠。
尾翼：方形平尾安装在尾梁后部右侧，尾桨安装在垂尾左侧，4 片桨叶。
机身：并列式双人驾驶舱，机鼻下方装有光电转塔，海军型机腹下方安装圆盘状水面搜索雷达，尾部有跳板式舱门。
发动机：2 台 RTM322-01/9 发动机或通用电气 T700/T6G 发动机，排气口向上。

NH-90 直升机是由英国、法国、德国、意大利和荷兰等国于 1985 年 9 月发起共同研制的双发多用途直升机。该机 1986 年开始初步设计，1995 年 12 月首飞成功，2000 年 6 月 30 日开始批量生产，分为海军型和陆军型两种基本构型，可以执行多样化任务。

美国 V-22“鱼鹰”倾转旋翼机

倾转旋翼机与常规直升机比较

优点	缺点
· 速度快	· 技术难度高
· 噪声小	· 研制周期长
· 航程远	· 单机成本高
· 载重量大	· 旋翼效率低
· 耗油率低	· 气动特性复杂
· 运输成本低	· 可靠性及安全性低
· 振动小	

V-22“鱼鹰”是按照美国空、海、陆军及海军陆战队 4 个军种的作战需求而设计的一型具备垂直起降和短距起降能力的倾转旋翼机。其外形与固定翼飞机相似，但翼尖的两台可旋转发动机带动两具旋翼，使其在固定翼状态下，像是一架两侧翼尖有两个超大螺旋桨的飞机；在直升机状态下，像是一架有两个偏小旋翼的直升机，既具备直升机的垂直升降能力，又拥有固定翼螺旋桨飞机速度快、航程远及油耗较低的优点。其最大飞行速度达 509 千米 / 时，是世界上速度最快的直升机。该机于 20 世纪 80 年代由美国波音公司和贝尔直升机公司联合研发，1989 年 3 月 19 日首飞成功，2006 年 11 月 16 日进入美国空军服役，2007 年进入美国海军陆战队服役。

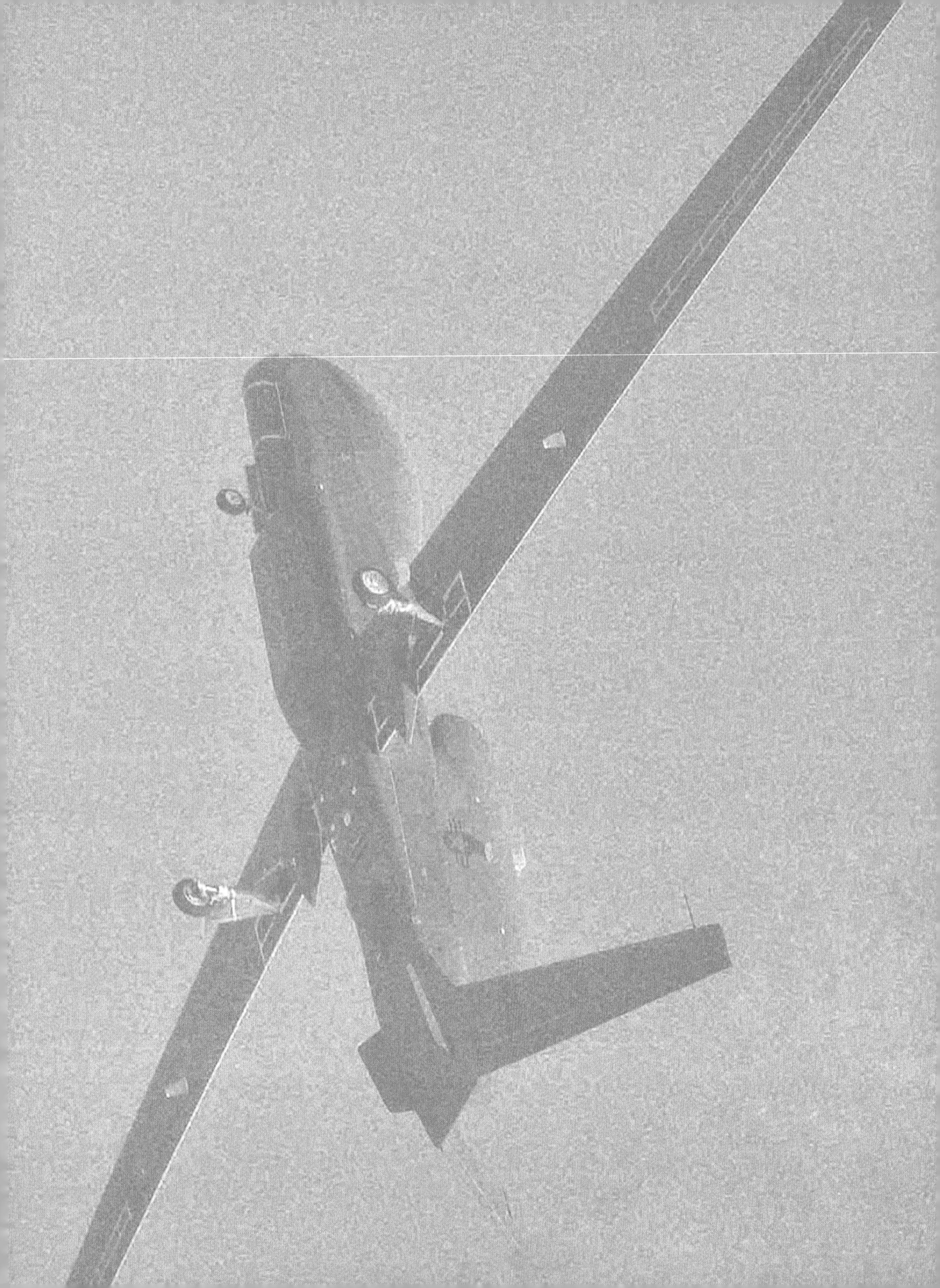

第八章　无人机

无人机即无人驾驶飞机，用途广泛，成本低，消费比好，无人员伤亡风险，生存能力强，机动性能好，使用方便，在现代战争中起着极其重要的作用。在越南战争、北约空袭南联盟的战争、海湾战争中，无人机都被频繁地用于执行军事任务。

一些专家预言：“未来的空战，将是具有隐身特性的无人驾驶飞行器与防空武器之间的作战。”但是，由于无人驾驶飞机还是军事研究领域的新生事物，实战经验少，各项技术不够完善，其作战应用主要局限于高空电子及照相侦察等方面，并未完全发挥出应有的巨大战场影响力和战斗力。因此，世界各主要军事国家都在加紧进行无人机的研制工作。经过实战的检验，出于未来作战的需要，无人机将会得到更快的发展。

军用无人机发展至今，已经进入了一个相对普及的阶段。在世界范围内，美国和欧洲国家最先对无人机进行研发，并取得了丰硕的技术成果，目前上述各国均已拥有并装备了完善的无人机。

美国 RQ/MQ-1“捕食者”无人机

机身：机身前部像一个倒扣的汤勺，机鼻正前方有一个前视摄像机观察孔，机鼻下方有一个光电传感器球状转塔。
机翼：悬臂式下单翼，机翼平直；每侧机翼下方都布置一个外挂点。
尾翼：倒V形垂尾，两片垂尾之间有一片方形腹鳍。
发动机：1 台 Rotax 914F 涡轮增压四缸发动机，尾部有推进螺旋桨，2 片桨叶。

RQ/MQ-1“捕食者”无人机由美国通用原子能公司研制，可以连续飞行 30 小时以上，实现在敌人上空长时间盘旋。RQ-1 用于空中监视和侦察；MQ-1 则改装为攻击用途，可在两翼各挂一枚“地狱火”导弹，执行对地攻击任务。自 1995 年服役以来，“捕食者”无人机参加过阿富汗、巴基斯坦、前南斯拉夫地区、伊拉克和也门的军事行动。

美国 MQ-1C “灰鹰”无人机

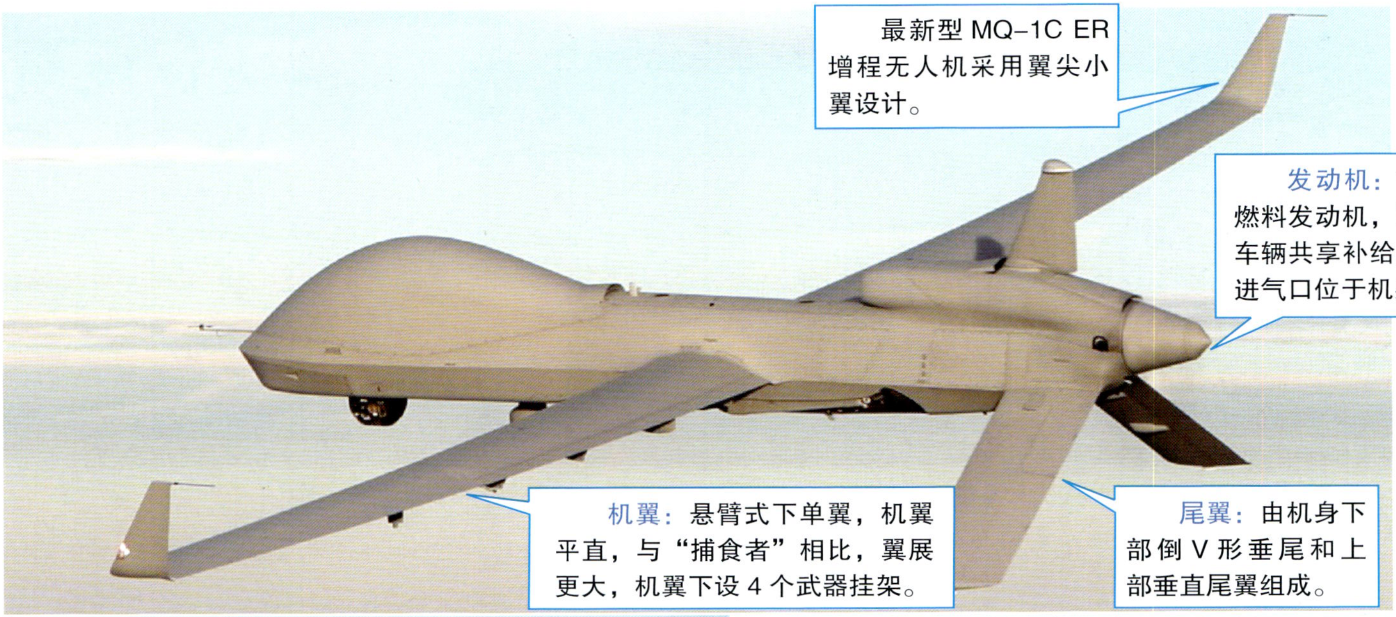
最新型 MQ-1C ER 增程无人机采用翼尖小翼设计。
发动机：1 台重型燃料发动机，可与陆军车辆共享补给，发动机进气口位于机身背部。
机翼：悬臂式下单翼，机翼平直，与“捕食者”相比，翼展更大，机翼下设 4 个武器挂架。
尾翼：由机身下部倒 V 形垂尾和上部垂直尾翼组成。

MQ-1C “灰鹰”无人机是由美国通用原子能公司研发的中空长航时无人机，是“捕食者”无人机的升级版，与“捕食者”共享 15% 的通用部件，主要装备美国陆军师级部队，是美国陆军列装数量最多、能力最强的无人机。该机可执行侦察、监视与目标获取、战场攻击、指挥与控制、通信中继、信号情报侦测等任务。2018 年，美军决定在韩国常态部署该机型。

美国 MQ-9 “死神”无人机

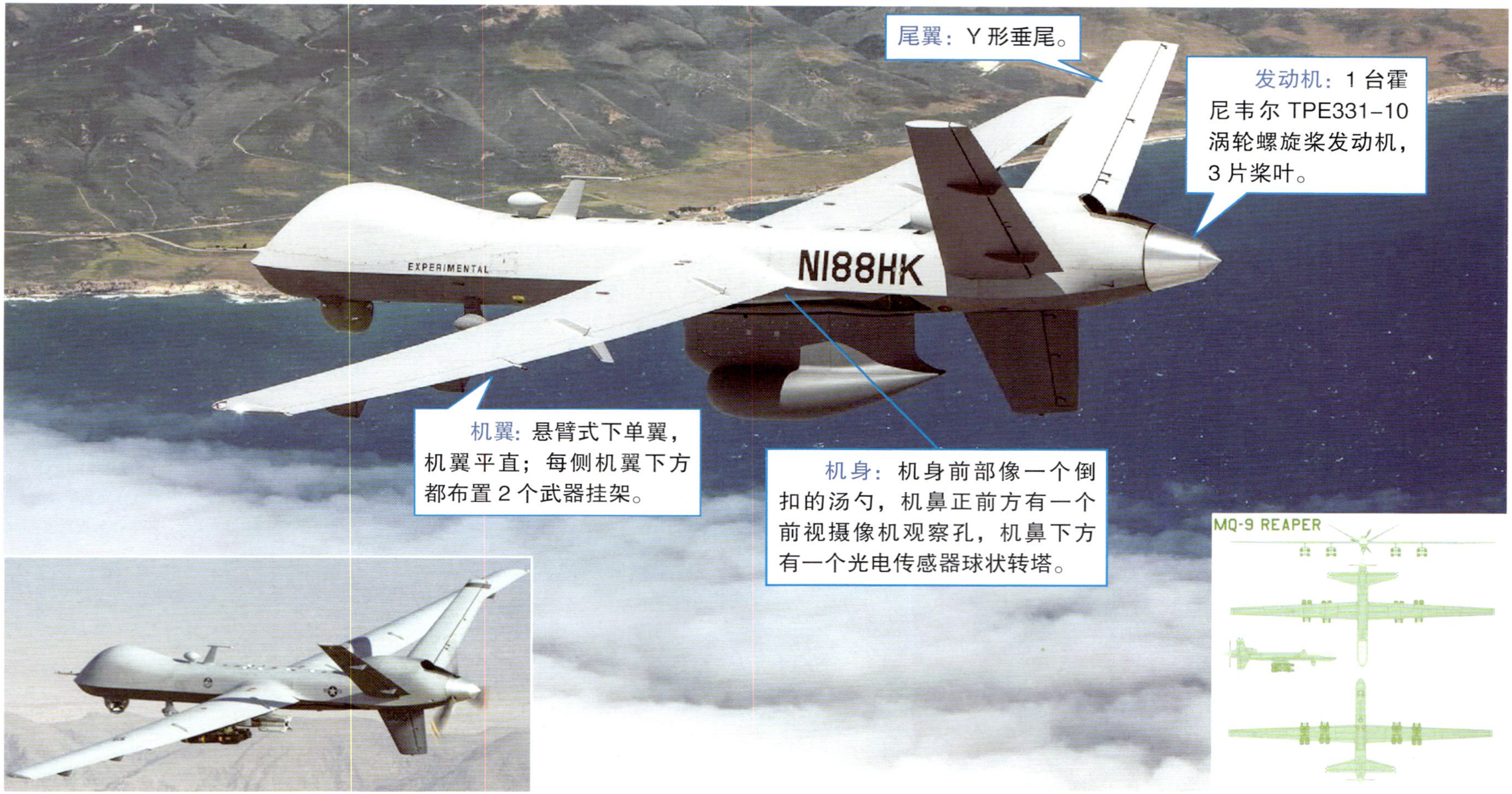
尾翼：Y 形垂尾。
发动机：1 台霍尼韦尔 TPE331-10 涡轮螺旋桨发动机，3 片桨叶。
N188HK
EXPERIMENTAL
机翼：悬臂式下单翼，机翼平直；每侧机翼下方都布置 2 个武器挂架。
机身：机身前部像一个倒扣的汤勺，机鼻正前方有一个前视摄像机观察孔，机鼻下方有一个光电传感器球状转塔。
MQ-9 REAPER

MQ-9“死神”与 MQ-1“捕食者”外观相似，但 MQ-9 飞行速度更快，载弹量更大，是一种极具杀伤力的新型无人作战飞机，还可以执行情报获取、战场监视与侦察任务。

美国“复仇者”无人机

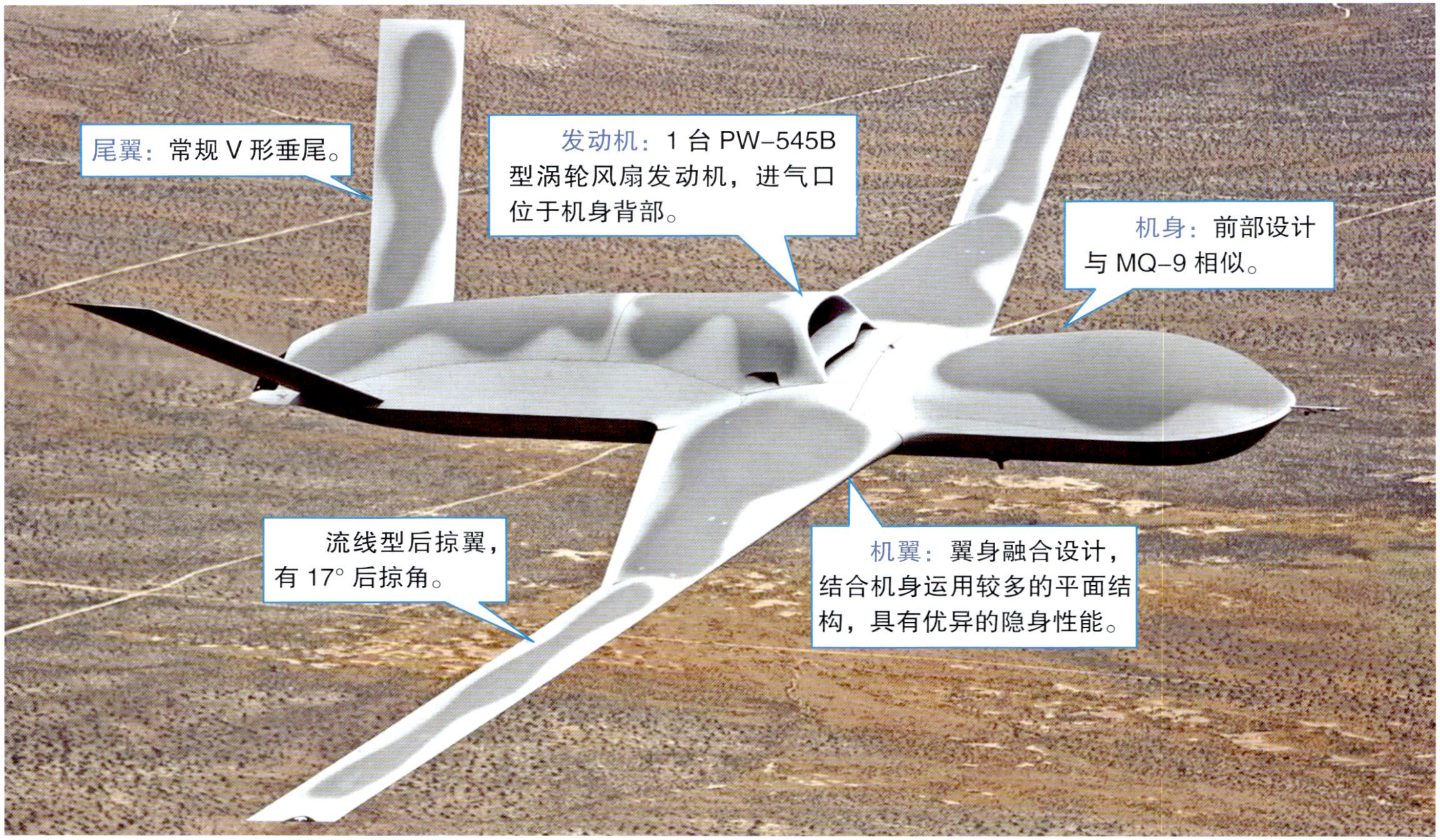

尾翼：常规 V 形垂尾。
发动机：1 台 PW-545B 型涡轮风扇发动机，进气口位于机身背部。
机身：前部设计与 MQ-9 相似。
流线型后掠翼，有 17° 后掠角。
机翼：翼身融合设计，结合机身运用较多的平面结构，具有优异的隐身性能。

“复仇者”是美国通用原子公司于 21 世纪初研制的一型具备隐身能力的喷气推进式远程无人驾驶战斗机。它是在 MQ-9“死神”无人机的基础上，为满足美军未来空战需求研发的新机型。“复仇者”无人机有一个长达 3 米的武器舱，可携带 227 千克炸弹。由于采用喷气发动机，其飞行速度是“捕食者”无人机的 3 倍以上。

美国 MQ-8B“火力侦察兵”无人机

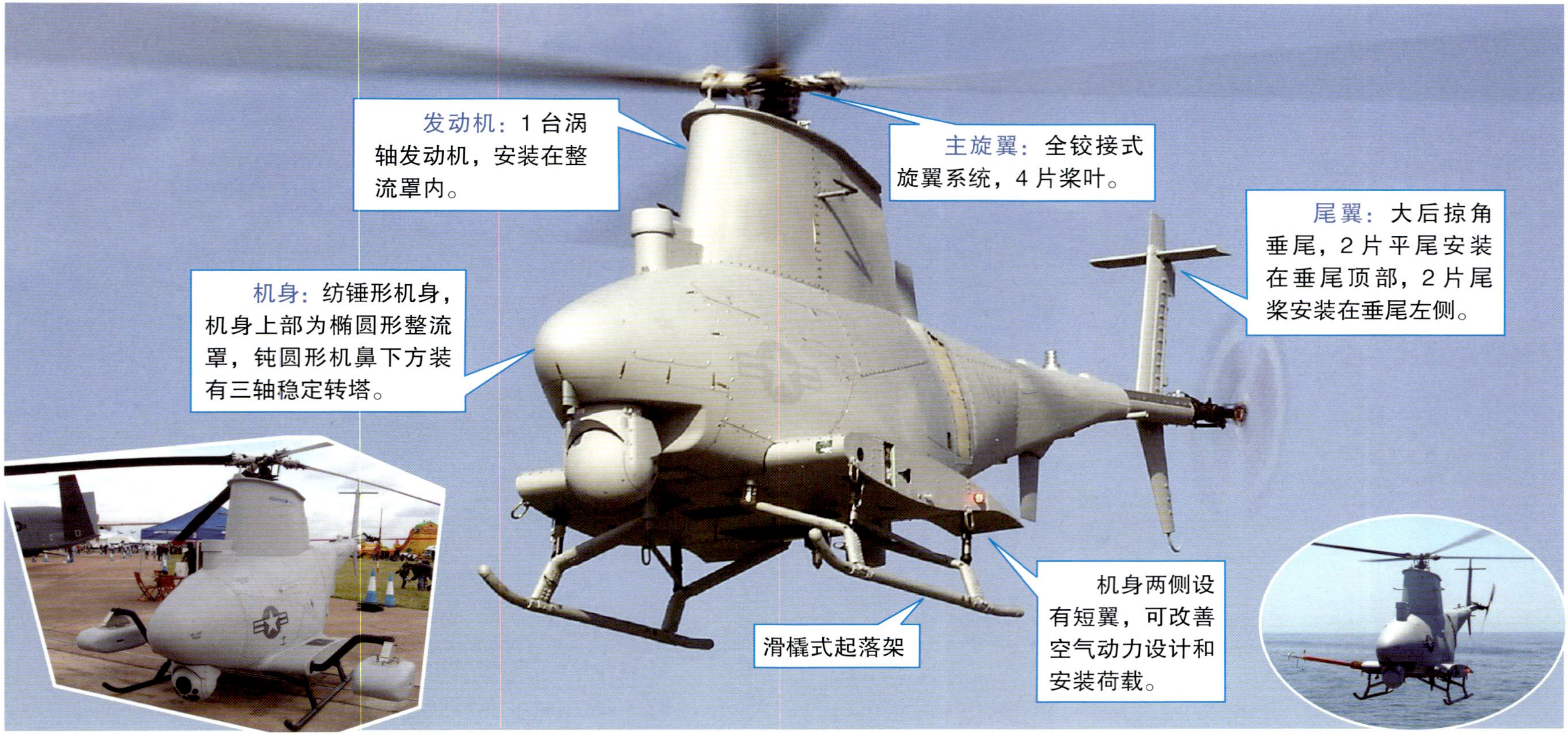
发动机：1 台涡轴发动机，安装在整流罩内。
主旋翼：全铰接式旋翼系统，4 片桨叶。
尾翼：大后掠角垂尾，2 片平尾安装在垂尾顶部，2 片尾桨安装在垂尾左侧。
机身：纺锤形机身，机身上部为椭圆形整流罩，钝圆形机鼻下方装有三轴稳定转塔。
滑橇式起落架
机身两侧设有短翼，可改善空气动力设计和安装荷载。

MQ-8B 是由诺斯罗普·格鲁曼公司研制的陆、海军通用型无人驾驶直升机，可在狭窄的场地和舰船上垂直起降，行动适应性强，能完全自主飞行，具有良好的超低空和贴地飞行能力，可用于执行侦察、目标指示、通讯和对点目标进行攻击任务。它配备的武器系统包括非制导火箭弹、机枪和多种型号的导弹，最大战斗负荷可达 260 公斤。其前身是该公司为美国海军研制的 RQ-8A 舰载无人机。

MQ–8C

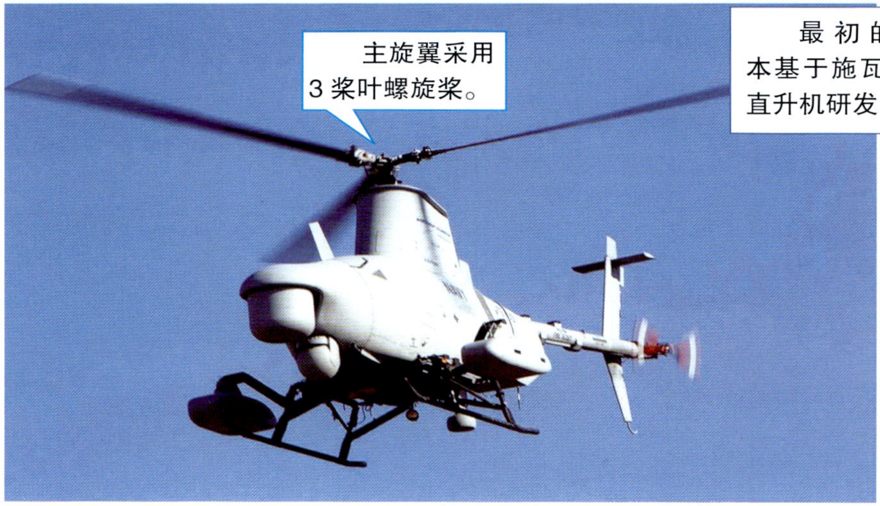

主旋翼采用3桨叶螺旋桨。

最初的RQ–8A版本基于施瓦泽330民用直升机研发。

RQ–8A

美国 RQ-4“全球鹰”无人机

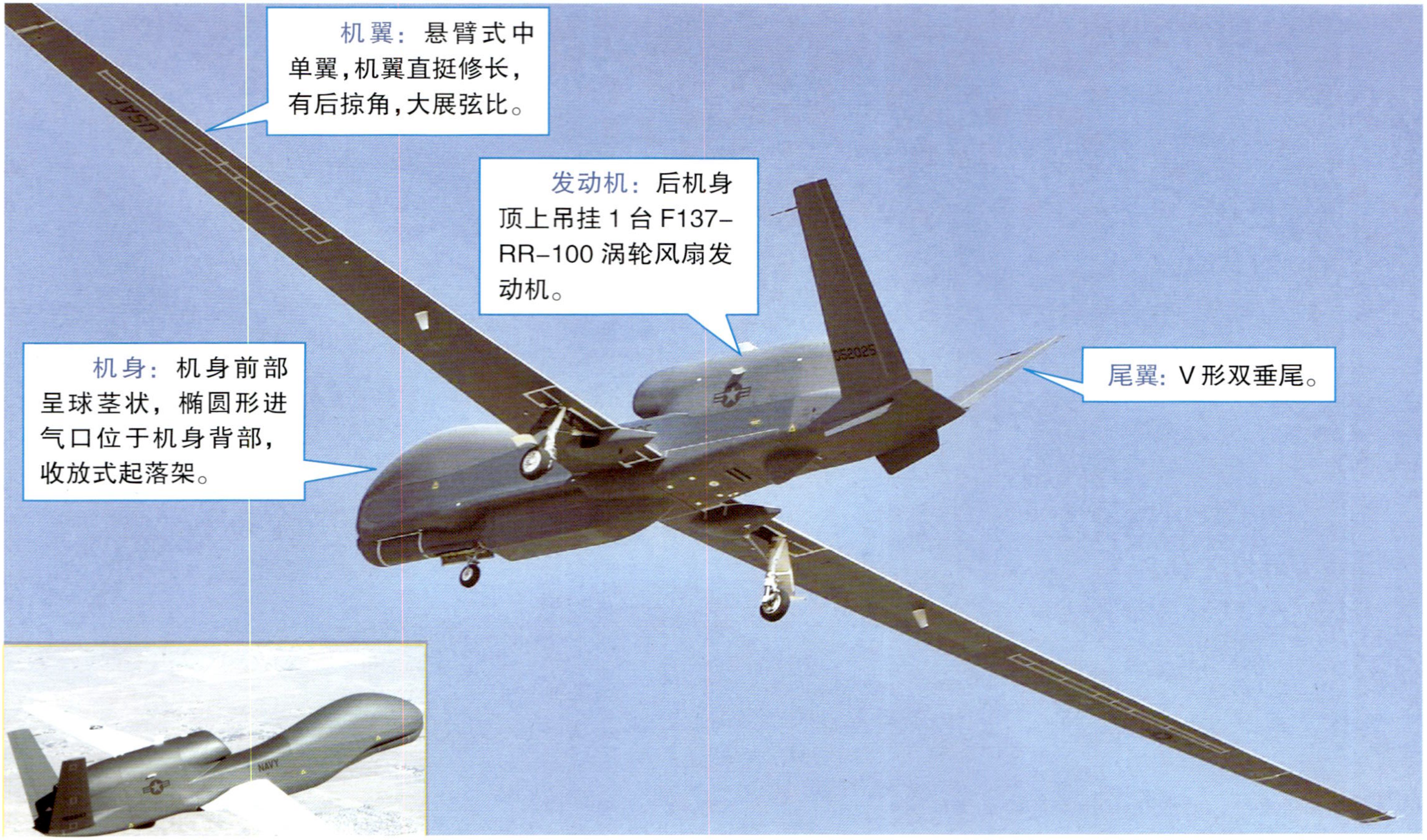
机翼：悬臂式中单翼，机翼直挺修长，有后掠角，大展弦比。
发动机：后机身顶上吊挂 1 台 F137-RR-100 涡轮风扇发动机。
机身：机身前部呈球茎状，椭圆形进气口位于机身背部，收放式起落架。
尾翼：V 形双垂尾。

RQ-4 无人机是美国诺斯罗普·格鲁曼公司研发生产的高空、长航时侦察机，主要服役于美国空军和海军。该机可从美国本土起飞到达全球任何地点进行侦察，或者在距基地 5500 千米的目标上空连续侦察监视 24 小时。它装备有高分辨率合成孔径雷达，可以看穿云层和风沙。它还有光电红外线模组，可提供长时间全区域动态监视，白天监视区域超过 10 万平方千米。

以色列“苍鹭”无人机

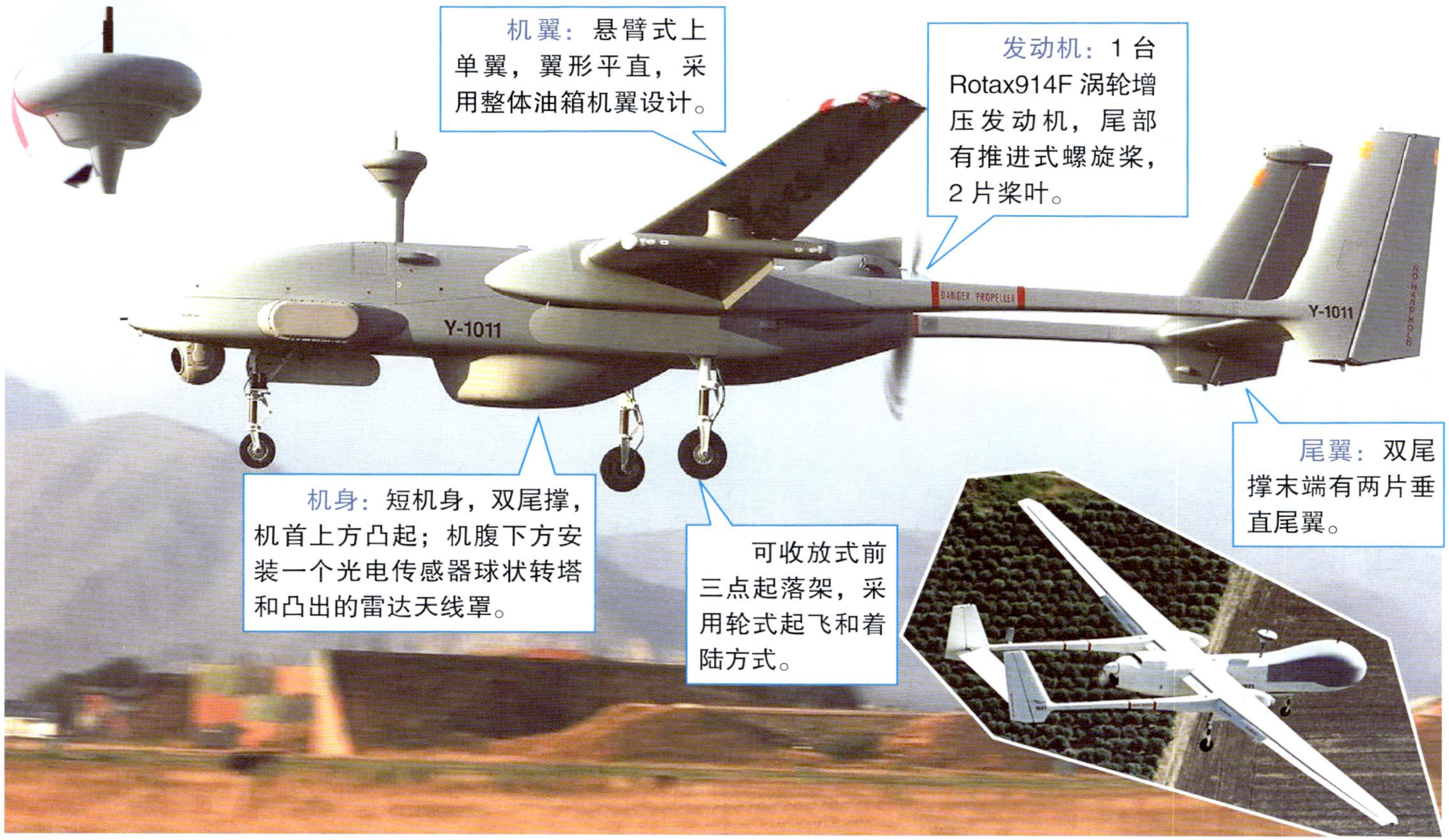
机翼：悬臂式上单翼，翼形平直，采用整体油箱机翼设计。
发动机：1 台 Rotax914F 涡轮增压发动机，尾部有推进式螺旋桨，2 片桨叶。
Y-1011
DANGER PROPELLER
机身：短机身，双尾撑，机首上方凸起；机腹下方安装一个光电传感器球状转塔和凸出的雷达天线罩。
可收放式前三点起落架，采用轮式起飞和着陆方式。
尾翼：双尾撑末端有两片垂直尾翼。

“苍鹭”是以色列飞机工业公司马拉特子公司研制的大型高空战略长航时无人机。该机研制计划始于 1993 年底，1994 年 10 月第一架原型机首飞，1996 年底正式投入使用，主要用于执行实时监视、电子侦察和干扰、通信中继和海上巡逻等任务。印度、土耳其均装备有该机型。

附录：世界各国或地区机徽大全

阿尔巴尼亚

阿富汗

阿根廷

阿联酋

阿曼

阿塞拜疆

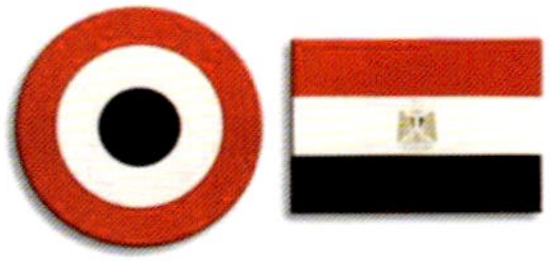
埃及

埃塞俄比亚

爱沙尼亚

爱尔兰

安哥拉

奥地利

澳大利亚

巴巴多斯

巴布亚新几内亚

巴基斯坦

巴拉圭

巴林

巴拿马

巴西

白俄罗斯

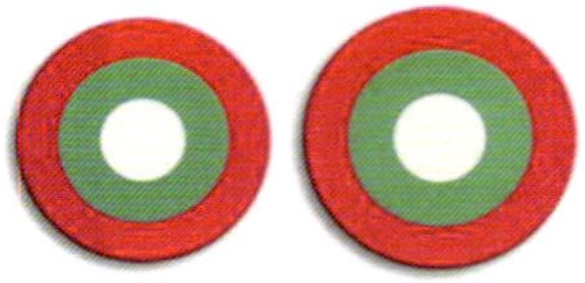
保加利亚

北约

贝宁

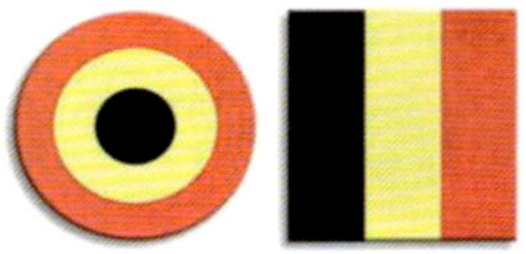
比利时

冰岛

波黑

伯利兹

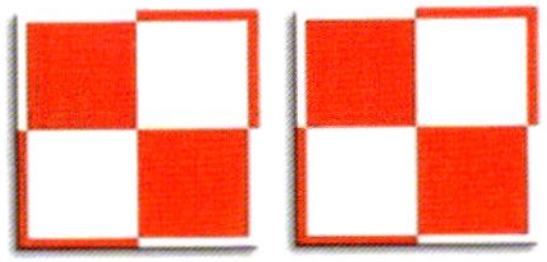
波兰

玻利维亚

博茨瓦纳

布基纳法索

布隆迪

朝鲜

丹麦

德国

多哥

多米尼加

俄罗斯

厄瓜多尔

赤道几内亚

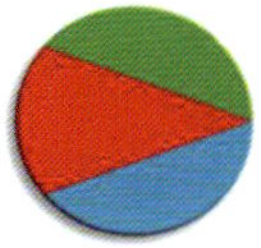
厄立特里亚

法国

菲律宾

斐济

芬兰

佛得角

刚果共和国

刚果民主共和国

哥伦比亚

哥斯达黎加

古巴

圭亚纳

韩国

海地

荷兰

洪都拉斯

吉布提

几内亚

几内亚比绍共和国

加拿大

加纳

加蓬

柬埔寨

捷克

津巴布韦

喀麦隆

卡塔尔

科特迪瓦

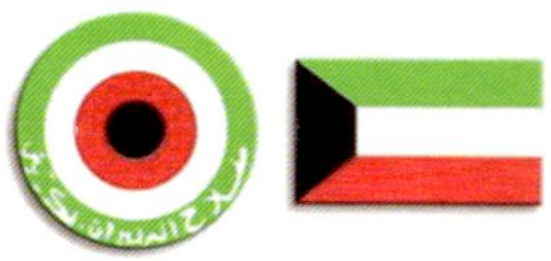
科威特

克罗地亚

肯尼亚

拉脱维亚

莱索托

科摩罗

老挝

黎巴嫩

立陶宛

利比里亚

利比亚

卢旺达

马达加斯加

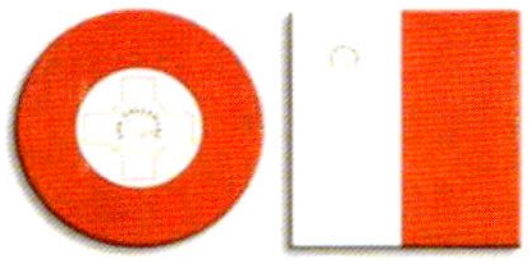
马耳他

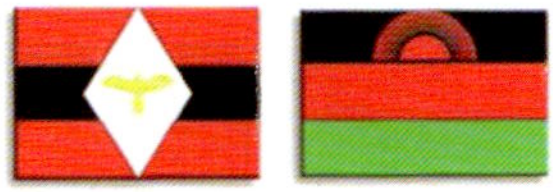
马拉维

马来西亚

马里

马其顿

罗马尼亚

毛里求斯

毛利塔尼亚

蒙古

美国

孟加拉国

摩尔多瓦

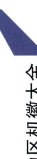

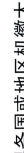

秘鲁

缅甸

摩洛哥

莫桑比克

墨西哥

南非

尼泊尔

尼加拉瓜

挪威

尼日尔

尼日利亚

葡萄牙

日本

瑞典

瑞士

萨尔瓦多

塞尔维亚

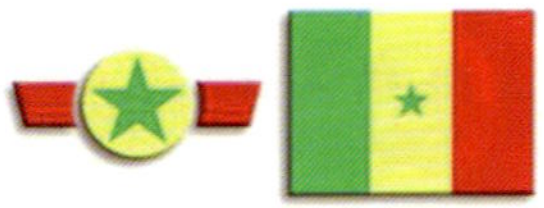
塞内加尔

塞拉利昂

塞浦路斯

塞舌尔

沙特阿拉伯

斯里兰卡

斯洛伐克

斯洛文尼亚

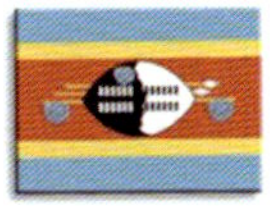
斯威士兰

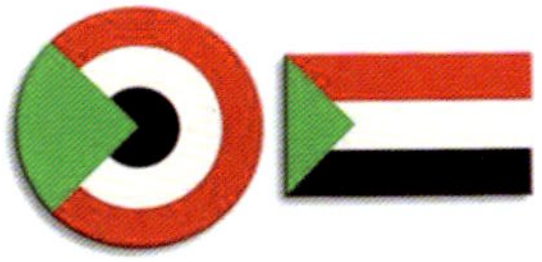
苏丹

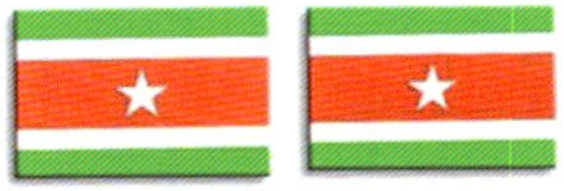
苏里南

索马里

塔吉克斯坦

泰国

坦桑尼亚

特立尼达和多巴哥

汤加

突尼斯

土耳其

土库曼斯坦

危地马拉

乌兹别克斯坦

委内瑞拉

文莱

乌干达

乌克兰

乌拉圭

西班牙

希腊

新加坡

新西兰　匈牙利　亚美尼亚　叙利亚　牙买加　也门

伊拉克　伊朗　以色列　意大利　印度　印度尼西亚

英国　越南　赞比亚　乍得　智利

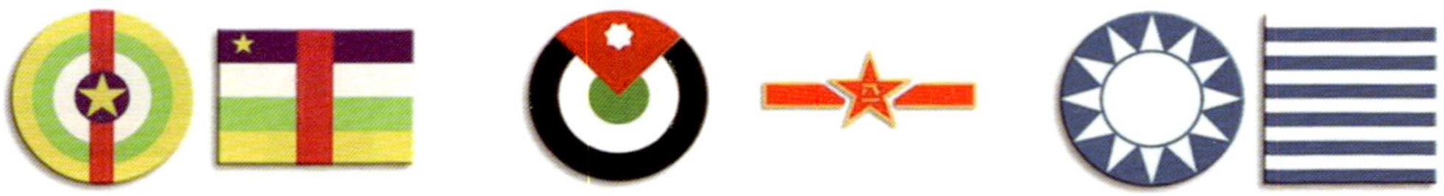

中非共和国　约旦　中国　中国台湾